绿色先进建筑材料

王信刚　邹府兵　著

中国建筑工业出版社

图书在版编目（CIP）数据

绿色先进建筑材料 / 王信刚，邹府兵著 .— 北京：
中国建筑工业出版社，2023.10
ISBN 978-7-112-29051-2

Ⅰ.①绿… Ⅱ.①王… ②邹… Ⅲ.①建筑材料—无
污染技术 Ⅳ.① TU5

中国国家版本馆 CIP 数据核字（2023）第 157811 号

责任编辑：戚琳琳　率　琦
责任校对：党　蕾

绿色先进建筑材料
王信刚　邹府兵　著
*
中国建筑工业出版社出版、发行（北京海淀三里河路 9 号）
各地新华书店、建筑书店经销
北京点击世代文化传媒有限公司制版
北京市密东印刷有限公司印刷
*
开本：787 毫米 × 1092 毫米　1/16　印张：11¼　字数：232 千字
2023 年 12 月第一版　2023 年 12 月第一次印刷
定价：**56.00** 元
ISBN 978-7-112-29051-2
（41757）

前 言

现代建筑的高层化、大跨化、轻型化、地下化以及服役环境的严酷化，对建筑材料的性能要求越来越高，使得（超）高性能化成为建筑材料性能提升的主要方向；现代科技的快速发展以及对材料的更高期望，也使得智能功能化成为建筑材料智能和功能改性的主要途径。建筑材料的资源、能源消耗巨大，极大地影响了生态环境，对建筑材料的再生循环利用越来越紧迫，绿色环保化因此成为建筑材料可持续发展的必由之路。积极推动绿色先进建筑材料的高质量发展，实现新型建筑材料的绿色环保化、（超）高性能化和智能功能化，对我国推行生态文明建设和节能减排国策具有重要的意义和价值。

本书对绿色先进建筑材料的发展现状及趋势进行了评述，阐述了主要绿色建筑材料和先进建筑材料的种类、特点、性能及应用等，主要内容包括植被混凝土、地质聚合物混凝土、透水混凝土、吸声混凝土等代表国内外最新科研成果的绿色先进建筑材料，归纳了绿色先进建筑材料评价体系，详细评述了透光混凝土、损伤自诊断混凝土、仿生自愈合混凝土、相变储能混凝土等材料的制备工艺、作用机理及应用前景，具有科学性、知识性、先进性和应用性的鲜明特色，对绿色先进建筑材料的发展具有重要的推动作用。本书可供绿色先进建筑工程设计和施工、建筑材料生产和应用、绿色先进建筑材料测试等行业的技术人员参考，可作为高等学校土木工程、水利工程等学科相关专业硕士研究生的用书，也可供绿色建筑方向的本科生使用。

本书第 1 章概述了绿色先进建筑材料的发展现状及趋势；第 2 章阐述了建筑材料的绿色环保化；第 3 章概述了建筑材料的（超）高性能化；第 4 章重点讨论了建筑材料的功能化；第 5 章论述了建筑材料的智能化；第 6 章详细介绍了绿色先进建筑材料评价（包括案例）。

本书由南昌大学王信刚教授主编、审阅，编著的具体分工为：南昌大学王信刚（第1章、第2章、第4章、第5章、第6章）；南昌大学邹府兵博士（第3章）。南昌大学朱街禄、郭冠军、张轩哲、雷为愉、刘世成等博士、硕士研究生参与科学研究与资料收集整理工作，特此表示感谢。

本书是作者多年来从事绿色先进建筑材料及其相关领域的科学研究、教学工作、工程实践的积累，参考国内外大量资料文献编著而成。在此一并向相关作者与研究机构表达谢意。由于水平有限，书中疏漏在所难免，还望广大读者不吝赐教、指正。

著者

南昌大学

2023年6月

目 录

前 言 …… III

第 1 章 绿色先进建筑材料的发展现状及趋势 …… 001

1.1 背景及意义 …… 001

1.2 特征与现状 …… 003

1.2.1 特征优势 …… 003

1.2.2 发展现状 …… 003

1.3 发展趋势 …… 004

第 2 章 建筑材料的绿色环保化 …… 009

2.1 生态水泥 …… 009

2.1.1 生产技术 …… 009

2.1.2 应用分析 …… 010

2.2 净化水质混凝土 …… 012

2.2.1 净化机制 …… 012

2.2.2 性能特征 …… 013

2.3 再生混凝土 …… 014

2.3.1 生产工艺 …… 014

2.3.2 界面特性 …… 015

2.3.3 性能特征 …… 016

2.4 植被混凝土 …… 017

2.4.1 基材配方 …… 017

2.4.2 技术指标 …… 018

2.4.3 效益指标 …… 018

2.4.4 应用分析 …… 018

2.5 地质聚合物混凝土 …… 019
2.5.1 制备方法 …… 020
2.5.2 收缩性能 …… 021
2.5.3 抗冻性能 …… 021
2.5.4 碱 - 集料反应 …… 021
2.6 清水混凝土 …… 022
2.6.1 材料分类 …… 023
2.6.2 性能特征 …… 023
2.6.3 应用优势 …… 025
2.7 新型墙体材料 …… 026
2.7.1 材料分类 …… 026
2.7.2 性能特征 …… 027
2.7.3 应用优势 …… 027
2.8 建筑节能材料 …… 029
2.8.1 墙体材料 …… 030
2.8.2 外墙保温材料 …… 031
2.8.3 门窗材料 …… 031
2.8.4 屋顶材料 …… 034
2.8.5 其他材料 …… 034
2.9 固体废弃物资源化 …… 035
2.9.1 建筑垃圾 …… 035
2.9.2 生活垃圾 …… 037
2.9.3 农业废弃物 …… 040

第 3 章 建筑材料的（超）高性能化 …… 046
3.1 高性能水泥 …… 046
3.1.1 熟料矿物匹配与水泥熟料体系 …… 046
3.1.2 高阿利特水泥 …… 048
3.1.3 高贝利特水泥 …… 050
3.1.4 性能对比 …… 054
3.1.5 应用分析 …… 054
3.2 （超）高性能混凝土 …… 055
3.2.1 活性粉末混凝土 …… 056

3.2.2 岛礁混凝土 …… 059
3.2.3 自密实混凝土 …… 062
3.2.4 海工混凝土 …… 065
3.3 高性能钢材 …… 067
3.3.1 耐候钢 …… 068
3.3.2 耐火钢 …… 070
3.3.3 耐蚀钢 …… 073
3.4 高性能木材 …… 074
3.4.1 电磁屏蔽木材 …… 075
3.4.2 发光木材 …… 077

第 4 章 建筑材料的功能化 …… 084
4.1 透水混凝土 …… 084
4.1.1 制备工艺 …… 084
4.1.2 透水机理 …… 085
4.1.3 应用分析 …… 087
4.2 透光混凝土 …… 088
4.2.1 光纤透光混凝土 …… 089
4.2.2 树脂透光混凝土 …… 091
4.3 透明木材 …… 096
4.3.1 制备工艺 …… 097
4.3.2 透明机理 …… 098
4.3.3 应用分析 …… 099
4.4 电磁屏蔽混凝土 …… 102
4.4.1 制备工艺 …… 102
4.4.2 电磁屏蔽机理 …… 105
4.4.3 应用分析 …… 106
4.5 吸声混凝土 …… 106
4.5.1 制备工艺 …… 107
4.5.2 吸声机理 …… 107
4.5.3 应用分析 …… 109
4.6 古建筑修复材料 …… 111
4.6.1 制备工艺 …… 111

4.6.2 修复实例 …… 113

第5章 建筑材料的智能化 …… 119
5.1 损伤自诊断混凝土 …… 119
5.1.1 损伤自诊断原理 …… 120
5.1.2 损伤自诊断类型 …… 121
5.2 仿生自愈合混凝土 …… 128
5.2.1 仿生自愈合原理 …… 129
5.2.2 仿生自愈合类型 …… 129
5.3 相变储能混凝土 …… 140
5.3.1 相变储能原理 …… 140
5.3.2 相变储能类型 …… 141
5.4 自清洁混凝土 …… 147
5.4.1 自清洁原理 …… 147
5.4.2 自清洁类型 …… 149

第6章 绿色先进建筑材料评价 …… 157
6.1 绿色建筑材料评价 …… 157
6.1.1 绿色建筑 …… 157
6.1.2 绿色建材 …… 157
6.1.3 评价体系 …… 158
6.1.4 评价方法 …… 159
6.2 先进建筑材料评价 …… 162
6.2.1 先进建筑 …… 162
6.2.2 先进建材 …… 163
6.2.3 评价体系 …… 163
6.2.4 评价方法 …… 164
6.3 绿色先进建筑材料案例 …… 164
6.3.1 光电幕墙 …… 164
6.3.2 气凝胶 …… 166
6.3.3 电磁屏蔽混凝土 …… 169

‖ 第 1 章
绿色先进建筑材料的发展现状及趋势

1.1 背景及意义

建筑材料量大面广，在现代基础设施建设、新型城镇化建设、新农村建设、“一带一路”建设中都是不可或缺和不可替代的,是国家“十三五”规划中保持经济高速增长、推进创新驱动、加快绿色发展的重点领域和关键环节，也是国家“十四五”规划中实现经济社会的高质量发展、加强生态文明建设的内在要求和必然选择。

时至今日，随着社会进步和科技发展，在国家政策的引导和扶持下，建筑材料以往的“三高两低”（高能耗、高消耗、高污染和低技术、低质量）问题有所改观，建筑材料亦不再是“傻、大、粗、笨”，但也绝非“高、精、尖、特”，建筑材料的技术发展到了一个“不进则退、非进不可”的关键时期。

现代建筑的高层化、大跨化、轻型化、地下化以及服役环境的严酷化，对建筑材料的性能要求越来越高，使得（超）高性能化成为建筑材料性能提升的主要方向；现代科技的快速发展，以及对材料的更高期望，也使得智能功能化成为建筑材料智能和功能改性的主要途径；建筑材料的资源、能源消耗巨大，极大地影响了生态环境，绿色环保化因此成为建筑材料可持续发展的必由之路。

先进技术和绿色理念是建筑材料创新驱动和绿色发展的两大引擎，先进建筑材料和绿色建筑材料已然成为当前的研究热点，建筑材料的（超）高性能化、智能功能化、绿色环保化必定是未来的发展趋势，绿色先进建筑材料正是在这样的背景下应运而生。绿色先进建筑材料涵盖了先进建筑材料、绿色建筑材料，或者二者兼而有之，是先进建筑材料和绿色建筑材料的统称。积极推动绿色先进建筑材料的高质量发展，实现新型建筑材料的绿色环保化、（超）高性能化和智能功能化，对我国推行生态文明建设和节能减排具有重要的意义和价值。

1. 绿色环保化

绿色环保建筑材料的研发和应用与我国建设资源节约型、环境友好型社会的理念高度契合，绿色环保化是应对生态环境科技发展提出的新要求。中国科技和经济的迅猛发展，为我们带来了高质量的生活水平，但却忽视了对生态环境的保护，与我国目前的绿色可持续发展理念背道而驰。只有坚持绿色发展理念，正确处理人与自然的关系，加强生态环境治理，不断推进生态文明建设，才能切实提高发展质量，满足人民的美好生活需要。在绿色可持续发展理念之下，研发和制造绿色环保建筑材料，改进传统建筑材料制造工艺，利用先进技术提升能源和材料的效率，减少绿色环保建筑材料制造过程中的能源消耗，确保材料在使用过程中不产生任何有害物质，达到保护环境、节约资源、促进人与自然和谐共生的目的。绿色环保建筑材料在建筑行业中的使用可以从根本上缓解高能耗状况，解决环境污染问题，实现我国建筑行业的可持续发展，对促进我国社会经济的发展具有重要意义。

2.（超）高性能化

建筑材料产业作为我国国民经济的支柱型产业之一，为人们提供了强有力的生活保障，社会的进步离不开（超）高性能建筑材料的研究与发展。近年来，高跨桥梁、高层建筑、海港建筑等高难度工程显示出独特的优越性，也对建筑工程结构提出了新要求，如高强度、高耐久性和高体积稳定性等。然而，传统的建筑材料无法满足现代工程的要求，（超）高性能建筑材料应运而生，它具备抗冻性能出色，强度大，耐久性好、试样寿命长、泵送性高等特点。（超）高性能建筑材料多选用工业废渣和建筑废料，既能降低工程造价成本，提升建筑工程质量，又能减少自然资源消耗，保护自然环境，符合我国可持续发展理念，是未来现代化建设的不二之选。

3. 智能功能化

智能功能化建筑材料是我国未来建筑走绿色先进可持续发展道路的重要体现。由于意识落后和管理体制不科学，我国智能功能化建筑材料与发达国家存在着较大差距。随着健康可持续发展理念的不断深入以及人民对生活质量需求的不断增加，建筑材料智能功能化是一条一举多得的正确绿色发展之路。建筑方面，在保证施工质量的前提下，运用现代化高新技术能够有效降低建筑能耗，节约资源；居住方面，在满足简单居住条件的基础上，建筑材料的智能化、功能化能够营造更加高效舒适的生活环境，使人、建筑和自然达到和谐统一。建筑材料的智能功能化是贯彻现代建筑理念、实现社会发展进步的重要体现，是智能化高新技术的探索方向、未来建筑的必然要求。

建筑材料的绿色先进化发展与现代化建设高度契合，有利于贯彻资源节约型以及环境友好型的发展理念。随着社会的发展和人们观念的转变，绿色先进建筑材料成为社会发展的必然，满足可持续发展战略要求，贯彻国家节能减排方针，符合低能耗、低污染、低排放的经济发展模式。因此，我国应加大绿色先进建筑材料的应用，实现未来建筑行业的健康可持续发展。

1.2　特征与现状

1.2.1　特征优势

随着社会经济的快速发展和城镇化建设的不断深入，传统建筑材料的大量使用加快了能源消耗，严重影响了生态环境。与传统建筑材料相比，绿色先进建筑材料体现出以下几点优势：

1. 减少污染、保护环境：绿色先进建筑材料选用绿色环保材料和清洁制造工艺，关注材料在生产、使用及废弃后对生态环境的影响。

2. 降低能源、资源消耗：绿色先进建筑材料将大量固体废弃物作为主要原材料，提升资源的利用效率，降低天然资源的消耗。

3. 提高生活水平：绿色先进建筑材料关注材料的品质属性，关注材料的健康安全性、高质量性及舒适性，可满足人们对智能功能化建筑的需求。

4. 助力低碳转型：绿色先进建筑材料对能源属性和能耗限额提出要求，即要求建筑材料全生命周期减碳、降碳能力满足额定指标。

1.2.2　发展现状

目前，绿色先进建筑材料可分为绿色环保建筑材料、（超）高性能建筑材料和智能功能建筑材料。研发并推广绿色先进建筑材料不但能够有效促进建筑产业的可持续健康发展，而且还能提升资源、能源利用率，减少能源消耗，保护生态环境。

1. 绿色环保建筑材料

绿色环保建筑材料在资源节约和环境保护方面发挥着重要的作用。在资源节约方面发展出如再生混凝土、地质聚合物混凝土和生态水泥等建筑材料。此类建筑材料主要通过提升固体废弃物的利用率减少天然材料的使用和能源、资源的消耗。比如，通过将废弃混凝土或工业固体废弃物进行活化处理，代替部分或全部天然材料的用量。在生态保护方面发展出如净化水质混凝土、植被混凝土和清水混凝土等建筑材料。此类建筑材料主要通过化学、物理、生物或多种作用相结合的方式保护环境，例如，通过砂砾间形成的微生物膜过滤污水并促进有机物的分解，以及通过将混凝土与植被相结合使生物与混凝土具有一定的相容性。

2.（超）高性能建筑材料

（超）高性能建筑材料发展类型主要包括：（超）高性能水泥、（超）高性能混凝土、（超）高性能钢材及（超）高性能木材。（超）高性能水泥具有强度高、凝结时间快、低水化热、高耐久性等优点，根据普通硅酸盐水泥中阿利特（C_3S）或者贝利特（C_2S）的含量，可分为高阿利特水泥与高贝利特水泥。（超）高性能混凝土针对不同用途需求，对其自密实性、体积稳定性、强度、水化热、收缩与徐变等性能予以保证，使（超）高性能混凝土具备优异的生命周期安全性和使用耐久性。(超)高性能钢材通过淬火及回火和高温控轧技术，使之强度高、延性好、韧性高、可焊性优越，并且具备抗腐蚀性和抗疲劳能力。这些优异性能不仅提高了结构的性能，而且降低了施工成本。(超)高性能木材利用木材的边角碎料生产各种人造板材，使其极限抗压强度、抗压硬度、抗冲击性、阻燃性等多项性能均优于天然木材。同时，利用高新技术可提升速生林木材的利用价值。

3. 智能功能建筑材料

随着科技的进步与社会的发展，人们对建筑物的需要不再局限于将建筑物视为简单的遮风挡雨工具，而是注重建筑物智能化、功能化的表现。例如，透光混凝土在水泥基材料原有组分基础上复合透光或导光组分，使水泥基材料具有透光或导光功能。其中最有影响力的透光或导光组分分别为光纤类材料和树脂类材料。相变储能混凝土既保留了混凝土优异的力学性能，又兼具绿色环保与保温节能的功能。此外，内部的相变功能材料可吸收早期水泥水化热并延缓水泥水化反应进程，有助于控制因水泥早期水化导致的温度裂缝。

1.3 发展趋势

面对当前建筑材料的发展现状，建筑材料的绿色环保化可满足建筑材料的再生循环利用，有利于降低资源能源消耗，保护生态环境；建筑材料的(超)高性能化可满足建筑材料的性能要求，有利于延长建筑材料的使用寿命，提高节能减排效果；建筑材料的智能功能化可满足建筑材料的功能需求，有利于提高建筑材料的附加值，拓宽应用领域。绿色先进建筑材料具有巨大的应用价值和广阔的市场前景，高效的应用将显著提升我国的社会经济效益。因此，建筑材料的绿色环保化、(超)高性能化、智能功能化必定是未来的发展趋势。

1. 绿色环保化是建筑材料可持续发展的必由之路

建筑材料的资源能源消耗巨大，极大地影响了生态系统的可持续发展。因此，建筑材料的“绿色环保化”是我国经济、社会、环境可持续发展的必由之路，未来绿色环保建材呈现出以下发展趋势：

(1)资源节约型绿色环保建材。建筑材料的生产制造离不开自然资源的消耗。某些地区对自然资源的过度开采和滥用，导致局部环境和生态多样性遭到破坏。资源节约型绿色环保建材一方面通过节省资源，减少对现有能源、资源的使用来实现；另一方面通过原材料替代的方法来实现。原材料替代主要是指充分使用各种工业固体废弃物、城市生活垃圾等代替原材料，通过技术措施使产品仍具有理想的使用功能。

(2)能源节约型绿色环保建材。能源节约型绿色环保建材不仅指优化材料本身的制造工艺，降低产品生产过程中的能耗，而且应保证在使用过程中有助于降低建筑物的能耗。降低使用能耗包括降低运输能耗（即尽量使用当地绿色建材），以及降低建筑物使用过程中的能耗（如采用保温隔热型墙材或节能玻璃等）。

（3）环境友好型绿色环保建材。随着生活水平的提高，人们更加意识到身边环境的重要性。因此，无污染、无毒害、无放射性的环境友好型绿色环保建材将会成为首选。

（4）空间绿色环保建材。随着全球气温的逐年升高，对建筑领域的要求越来越高，如隔热材料、防晒材料、散热材料等，同时空间光学建材将逐步运用于建筑外观设计中，如吸光材料、可反射光材料等空间绿色环保建材。

2.（超）高性能化是建筑材料性能提升的主要方向

现代建筑的高层化、轻型化、大跨度，以及服役环境的严酷化，使得对建筑材料的性能要求越来越高。（超）高性能混凝土无论是在使用方面还是设计方面，都涉及很多部门，并且生产环节较为复杂。在未来的发展过程中，仅靠产业结构调整远远不够，还需要在此基础上对各个方面进行优化与改进，未来（超）高性能建材呈现出以下发展趋势：

（1）复合型建筑材料。相关设计人员需要在现阶段的基础上对传统的设计方式进行不断的创新与改进，尝试在混凝土中适当地加入复合材料。不断研发新的工业废弃物的循环利用方法，使其变废为宝，有效提升资源利用效率。

（2）高性能外加剂。大力研发适合加入混凝土的高性能外加剂，通过加入外加剂减少因混合材料导致的混凝土质量问题，例如，早期强度低、强度发展慢等。同时，还要注重对多活性材料、外加剂、矿物之间叠加效应的研究，在实际施工过程中，提供更为广泛的材料选择空间，以此进行最佳建造方案的设计。

（3）高耐久建筑材料。研究人员需对传统材料的各项性能给予提升，使建筑能够有效应对各种恶劣环境的影响。针对温湿度变化、介质侵蚀、冻融循环、机械摩擦等问题，通过物理法、机械法、化学法、生物法中的一种或多种相结合来提升建筑材料的耐久性，延长建筑的服役周期。

3. 智能功能化是建筑材料智能和功能改性的主要途径

现代科技的快速发展使人们对建筑材料的智能和功能需求越来越多，未来智能功能化建材呈现出以下发展趋势：

（1）建筑材料智能化。智能化建筑已经是目前建筑市场的主流产品，楼宇智能化可以根据外界指令或者外界需求执行相应的指令，代表了近现代建筑的顶端水平，而新型智能化建筑材料是具有新型功能的材料，能够“模拟人类智力”，并根据不同指令作出不同反应，让人们生活在更加轻松愉悦的环境之中，新型智能建筑材料可以通过指令与人们进行交流，随着人们指令的变化而变化。目前，这种新型智能建筑材料尚未普及，但是随着建筑行业的发展与社会的进步，其在楼宇智能化当中的应用势在必行，是建筑领域的发展趋势所在。

（2）建筑材料功能化。在未来发展过程中，功能化建筑材料通过新材料与新技术相结合，融合轻质高强、防水防潮、耐火耐高温、抗腐蚀能力强等多种优点，配套微电子等高科技，在功能、安全和舒适度上作出重大突破，实现对现代化建筑的调控和完善，研究出更加符合世界发展趋势和人类生活需要的功能化建筑材料。

绿色环保与先进技术相结合已成为当前经济发展的主旋律，有利于贯彻资源节约型及环境友好型的发展理念。研究开发新型绿色环保化、（超）高性能化、智能功能化建筑材料与技术，具有重要的科学意义和实用价值。随着科技的不断进步和绿色环保发展理念的深入人心，建筑材料领域将迎来新的历史发展机遇。建立资源节约型及环境友好型的建筑，实现建筑材料领域的健康可持续发展，是未来绿色建筑环保材料的必经之路。

参考文献

[1] Ashish S，Pankaj K D，Abdul W H，et al. Challenges and opportunities of utilizing municipal solid waste as alternative building materials for sustainable development goals：A review[J]. Sustainable Chemistry and Pharmacy，2022，27：100706.

[2] Cao M Q，Liu T T，Zhu Y H，et al. Developing electromagnetic functional materials for green building[J]. Journal of Building Engineering，2022，45：103496.

[3] Liu T T，Cao M Q，Fang Y S，et al. Green building materials lit up by electromagnetic absorption function：A review[J]. Journal of Materials Science & Technology，2022，112：329-344.

[4] Monika P，Samrudhi B，Pravin M. A comprehensive review on emerging trends in smart green building technologies and sustainable materials[J]. Materials Today：Proceedings，2022，65（2）：1813-1822.

[5] Guo F，Wang J W，Song Y H. Research on high quality development strategy of green building：A full life cycle perspective on recycled building materials[J]. Energy and Buildings，2022，273：112406.

[6] Muhammad F J，Zia R，Nauman I，et al. Biobased phase change materials from a perspective of recycling，resources conservation and green buildings[J]. Energy and Buildings，2022，270：112280.

[7] Jiale C，Fan J T. Advanced thermal regulating materials and systems for energy saving and thermal comfort in buildings[J]. Materials Today Energy，2022，24：100925.

[8] Sarah K，Naveen M，Gauri A，et al. Experimental design of green concrete and assessing its suitability as a sustainable building material[J]. Materials Today：Proceedings，2020，26（2）：1126-1130.

[9] Joan N，Megersa D. Recycling plastic waste materials for building and construction Materials：A minireview[J]. Materials Today：Proceedings，2022，62（6）：3257-3262.

[10] 张万众，张彭义 . 室内建筑装饰装修材料气味物质及其释放研究进展 [J]. 环境科学，2021，42（10）：5046-5058.

[11] 舒钊，钟珂，肖鑫，等 . 多孔纳米基复合相变材料在建筑节能中的应用进展 [J]. 化工进展，2021，40（S2）：265-278.

[12] 孙剑锋，张红，梁金生，等 . 生态环境功能材料领域的研究进展及学科发展展望 [J]. 材料导报，2021，35（13）：13075-13084.
[13] 韩忠华，王振凯，高超，等 . 新型建筑材料与智慧建造技术发展综述 [J]. 材料导报，2020，34（S2）：1295-1298.
[14] 李刊，魏智强，乔宏霞，等 . 四大类外掺材料对聚合物改性水泥基材料性能影响的研究进展 [J]. 材料导报，2021，35（S1）：654-661.
[15] 邓诗碧，赵海波 .“双碳”目标下的潜在新型建筑保温材料——全生物质阻燃气凝胶 [J]. 科学通报，2022，67（21）：2444-2446.

‖ 第 2 章
建筑材料的绿色环保化

绿色建筑材料的推广和广泛应用是目前建筑工程行业的发展趋势，建筑材料的绿色环保化符合我国可持续发展的需求。为了保证绿色先进建筑材料的合理应用，在建筑设计和施工等过程中不仅需要考虑材料自身的特性，还需要结合相关的环境因素以及工艺技术水平。通过对材料不断地进行开发研究，提升建筑设施的安全性和环保性，进一步促进建筑行业的可持续发展，提升建筑设计使用年限。基于此，本章从生态水泥、净化水质混凝土、再生混凝土、植被混凝土、地质聚合物混凝土、清水混凝土、新型墙体材料、建筑节能材料、固体废弃物资源化九个方面介绍建筑材料的绿色环保化，并从新型绿色建筑材料的概念、分类、制备、性能表征、实用案例等几个方面详细阐述。

2.1 生态水泥

生态水泥（Ecological Cement）是指将城市垃圾焚烧灰和下水道污泥等作为主要原料，从狭义上讲，是烧成粉磨后形成的水硬性胶凝材料；而从广义上讲，生态水泥不是单独的水泥品种，而是对水泥“健康、环保、安全”属性的评价，包括对原料采集、生产、施工、使用和废弃物处置五大环节进行分项评价和综合评价。生态水泥除了拥有作为建筑材料的基本功能外，还具备保持人体健康、保护环境的功能，因此大力发展生态水泥成为一种社会青睐的节能方式。

2.1.1 生产技术

生态水泥的优点是提高资源利用率和二次能源回收率；实现其他产业废渣、废料的循环使用，实现自身无污染，节约资源；在施工过程中能够保护环境，杜绝废弃物排放，避免二次污染。水泥的生产流程如图 2-1 所示。

水泥厂处理各种工业废弃物和城市垃圾的方法主要分为两类：一类用作生产水泥的原料或水泥混合材；另一类用作生产水泥的燃料。目前世界上广泛采用的废橡胶制品、废轮胎、废纸、废塑料、废油、纺织织物废物、废木料（家具锯末）、工业溶液、污油、污泥等都可作为水泥工业的二次燃料使用。

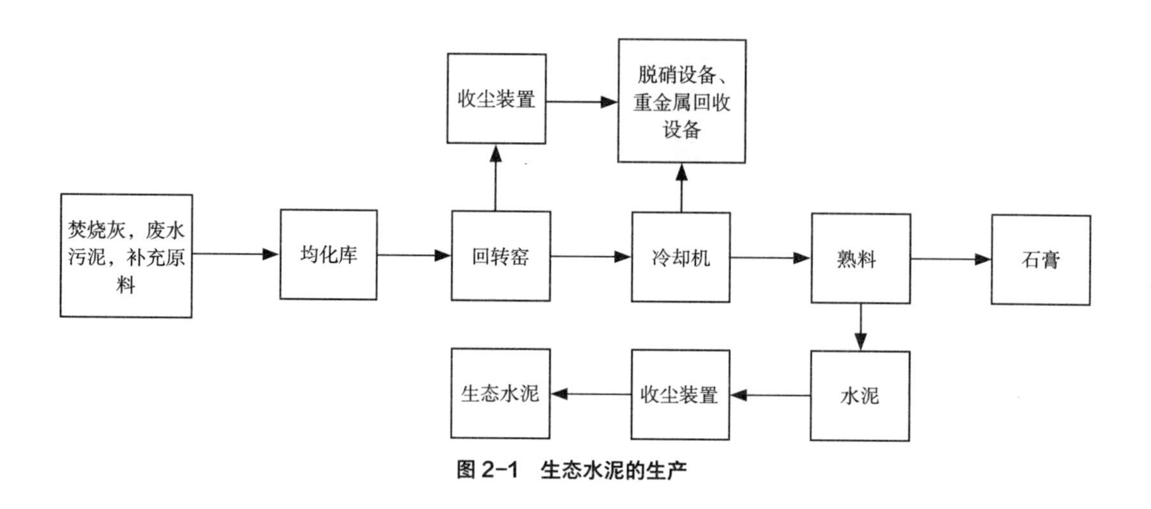

图 2-1 生态水泥的生产

只有确保废弃物满足质量要求，成分均匀，节省燃料，降低使用时产生的成本，才能产生经济效益。同时，只有确保无害物排放，才不会对环境造成污染。

生态水泥的生产与普通水泥基本相同，也包括生料制备，熟料煅烧和水泥制成等工序。但由于所用原料、燃料的特殊性，使得生态水泥的生产工艺具有一些特殊性，需要注意以下几点：

1. 进厂废弃物的预均化

作为代用原料的废弃物存在化学成分不稳定、离散性大等缺点，所以一定要考虑代用原料预均化、生料预均化，使废弃物成分在允许的范围内波动，才能得到成分均匀、质量稳定的入窑生料。这是保证产品质量的关键所在。同时，作为代用燃料的废弃物也应加强燃料的预均化。

2. 废弃物的投入方式

国内外利用水泥回转窑处理废弃物有以下五种投入方式：一是从窑尾上升烟道喂入窑内；二是将废料加入窑尾分解炉；三是直接从回转窑中部加入窑内；四是从窑头罩投入窑内；五是通过主燃烧器喷入窑内。从窑尾和窑中部喂入的方式相对比较简单，对废料处理要求并不高，而从窑头燃烧器喷入窑内的方式对废料的预处理系统要求较高。

2.1.2 应用分析

1. 发泡水泥

发泡水泥，就是在水泥浆中充气制成的具有低密度、低渗透率、低热导率等优点的轻质发泡保温材料。发泡水泥一般使用固体废弃物如工业废渣（粉煤灰、矿渣粉、废石粉）、秸秆粉、锯末等材料作为混合材，而其中以粉煤灰的应用最为普遍。生产发泡水泥可以合理再利用工业废渣，从而节约大量的天然原料，改善水泥的和易性，减少水泥制品的水化热，还能够提高发泡水泥的抗渗性能。

目前，国内研究中较受关注的是 EPS（发泡聚苯乙烯）填充水泥材料。EPS 具有密度低、比强度高、吸水率低、耐酸碱、保温性好等优点，但是由于 EPS 颗粒表观密度比较低，使得浆料在搅拌过程中容易发生离析的情况。另外 EPS 表面为憎水性，无机胶凝材料对 EPS 不够湿润，从而导致混凝土和易性较差，因此使用 EPS 填充前要将表面进行化学处理，才能够使之与水泥浆体粘结好。随着对发泡聚苯乙烯填充水泥材料研究的逐渐深入，国内研究者发现 EPS 填充水泥复合材料具有良好的吸波性能，可以很好地防护电磁波。另外，在对 EPS 填充水泥复合材料施加荷载后，复合材料逐渐变形至破坏，表明材料的破坏属于塑性破坏，复合材料具有一定的韧性，进而表明 EPS 填充能缓解水泥制品的脆硬性。此外，利用具有含钙量高和多孔结构等特性的下水道淤泥灰可制备多孔泡沫材料。发泡水泥宏观、微观如图 2-2 和图 2-3 所示。

图 2–2　发泡水泥宏观图

图 2–3　发泡水泥微观图

2. 土壤聚合物水泥

土壤聚合物水泥（简称土聚水泥）是一种性能优异的碱激活水泥，其水化产物是一种含有硅铝链的“无机聚合物”，这种水化产物与一些构成地壳的物质相似，土聚水泥因此而得名。土聚水泥是一种环保节能的新型生态水泥，凡是富含高岭石或者富含铝硅酸盐矿物的废渣都可以用作原料，同时生产过程中 CO_2 排放量仅为传统波特兰水泥生产中排放 CO_2 的 10% 左右。

由于土聚水泥独特的结构，其性能更为优异。主要性能特点有：

（1）土聚水泥早期强度增长快。在室温条件下养护 4h，其抗压强度就可达 15 ~ 20MPa，并达到最终强度的 70%，而后期强度也不会下降；另外，土聚水泥的抗拉、抗弯强度远远超过硅酸盐水泥。

（2）土聚水泥的水化产物具有稳定的三维网络结构，体积稳定性优于硅酸盐水泥，其干缩量仅为硅酸盐水泥的 80%。

（3）土聚水泥制作工艺简单，室温下快速硬化，具有良好的施工性能。

（4）土聚水泥的水化产物在自然条件的各种侵蚀下几乎能够存在千年以上，因此具有良好的耐久性。

3. 少熟料水泥

少熟料水泥是指以较少的水泥熟料、适量的石膏加上一定比例的混合材制成的水硬性胶凝材料。少熟料水泥通过优化水泥熟料组成、提高熟料性能的方法，大幅提高了混合材的掺量，从而减少了能耗大、污染严重的硅酸盐水泥熟料的使用。这种采用先进的技术工艺制备的新型胶凝材料是一种新型生态水泥，具有环保和生态双收益的优点。

不同于普通硅酸盐水泥，少熟料水泥所选用的水泥熟料经过高细粉磨，从而降低粒度，改善粒径分布，熟料强度较高。活性混合材则可以大量掺入具有潜在水硬性或火山灰特性的工业固体废弃物（即各种工业废渣，矿渣、粉煤灰、煤矸石和高岭土等），此外，少熟料水泥还需要石膏、碱性激发剂等辅料激发活性，优化少熟料水泥的性能。

固体工业废渣的合理利用避免了废弃物填埋处工序，不需要填埋场地，生产过程中不会造成二次污染，有利于环保，使废弃物再生资源化，并可回收利用。

生态水泥在我国尚处于萌芽时期，相关的政策法规尚未建立，原有的法规缺少针对性和可操作性，需要将水泥厂处置、城市和工业废弃物纳入法治轨道，同时必须健全各项环保法规以及各项质检规范，使废弃物的处置利用和生态水泥的生产、使用有法可依、有章可循。

2.2 净化水质混凝土

近年来，净化水质混凝土受到关注。该法是通过砂砾间形成的微生物膜过滤污水并促进有机物的分解。而且净化水质混凝土与普通混凝土的用料不同，使用均一骨料的水泥浆体粘结而成，具有多孔特性。多孔混凝土内部形成的连续孔隙与砂砾间构成的空间结构相对复杂，各种各样的微生物寄生于此，形成多样的生物相。

净化水质混凝土的功能恰恰得益于存在于空隙间的各类微生物，其净化水质的原理就是微生物的固定和代谢分解。

2.2.1 净化机制

物理作用：净化水质混凝土的孔隙率在 15% ~ 25% 之间，孔径分布范围从微米级至毫米级，镶嵌于混凝土内的粗骨料自身也具有孔隙，在一定程度上能够吸附和过滤水体中难溶的固体悬浮物等污染物。

化学作用：浸泡于水中的混凝土会向水体中溶析出大量钙、铝、镁等矿物离子，在与水中的胶体物质发生脱稳、絮凝作用后沉淀分离。此外，这些矿物离子可与水中的游离态铵离子进行离子交换，水中镁离子与磷酸根离子经化学反应生成难溶物磷酸氢镁，在一定程度上分离水体中的氮、磷等营养物质。

生物化学作用：净化水质混凝土凹凸不平的表面和内部多孔隙结构，为水体中动植物、微生物生物膜提供了生长繁衍所需的物质基础，形成一个完善的微生态体系，高度密集的生物群落经过生化反应和新陈代谢作用，大量吸收、同化、消耗水体中富营养物质，起到水质净化作用。

在长期的净水过程中，净化水质混凝土中的物理、化学净化作用随着净水时间的增长而逐渐减弱，但在不出现破坏生物稳定性的水环境中，依赖水体中微生物的净水作用能保持同一净化效果。

净化水质混凝土实质上是利用多孔混凝土凹凸不平的表面和内部多孔隙结构与污水中富营养化物质发生化学清除、物理吸附和生物化学作用，去除水体中的污染物，从而起到改善水体水质的效果。净化水质混凝土应用如图 2-4 和图 2-5 所示。

图 2-4　净化水质彩色混凝土

图 2-5　净化水质砖

2.2.2　性能特征

（1）节约资源：净化水质混凝土内部有效孔隙率为 15% ~ 25%，在同体积情况下大大减少了水泥、砂石骨料等资源的用量。

（2）节约能源：在节省资源的同时，净化水质混凝土降低了由于生产水泥、开挖砂石资源等活动所产生的能源消耗。

（3）净化水质：净化水质混凝土制备过程及构成材料中不含对环境有巨大危害的物质。除此之外，净化水质混凝土还具备对污染物分离、固定、净化等功效，体现出优异的环境效益。

（4）生态修复：净化水质混凝土可应用于植生护坡、水质净化，改善环境景观，实现生态修复，保护水资源。

（5）生物相容：净化水质混凝土可为植物、原生动物、微生物的休憩繁衍提供场所，形成具有环境改善效益的微生态系统。

（6）结构可靠：其抗压强度可达 5 ~ 30MPa，能满足结构承载的基本需求，为净化水质混凝土运用于实际工程提供可靠保障。净化水质混凝土性能特征如图 2-6 所示。

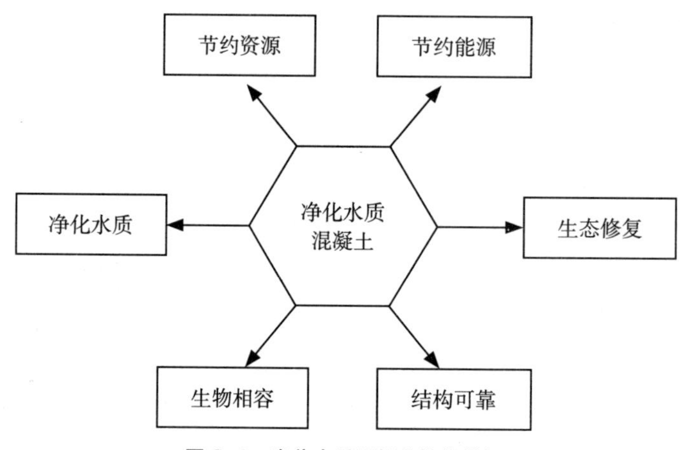

图 2-6 净化水质混凝土性能特征

2.3 再生混凝土

再生骨料混凝土（Recycled Aggregate Concrete，RAC）简称为再生混凝土（Recycled Concrete），它是指将废弃混凝土块经过破碎、清洗与分级后，按一定的比例与级配混合形成再生混凝土骨料（Recycled Concrete Aggregate，RCA），简称再生骨料（Recycled Aggregate），部分或全部代替砂石等天然骨料（主要是粗骨料）配制而成的新混凝土。相对于再生混凝土而言，用来生产再生骨料的原始混凝土称为基体混凝土（Original Concrete），用于同再生混凝土进行对比且配合比相同的普通混凝土称为再生骨料混凝土。再生骨料混凝土技术可实现对废弃混凝土的再加工，使其恢复原有的性能，形成新的建材产品，从而既能使有限的资源得以再利用，又解决了部分环保问题。这是发展绿色混凝土，实现建筑资源环境可持续发展的主要措施之一。美国、日本和欧洲发达国家对废弃混凝土的再利用研究得较早，主要集中于对再生骨料和再生混凝土基本性能的研究，已有成功应用于刚性路面和建筑结构物的例子。

2.3.1 生产工艺

经济可行的再生骨料生产工艺是废弃混凝土能够进行充分再利用的前提。再生骨料的生产需要解决一系列问题，包括对废弃混凝土块或钢筋混凝土块的回收、破碎与分级等。图 2-7 介绍了目前我国钢筋混凝土块体破碎及筛分工艺，分别要求进入破碎设备的废弃混凝土块尺寸不超过 0.74m × 0.35m 和 1.0m × 0.6m。

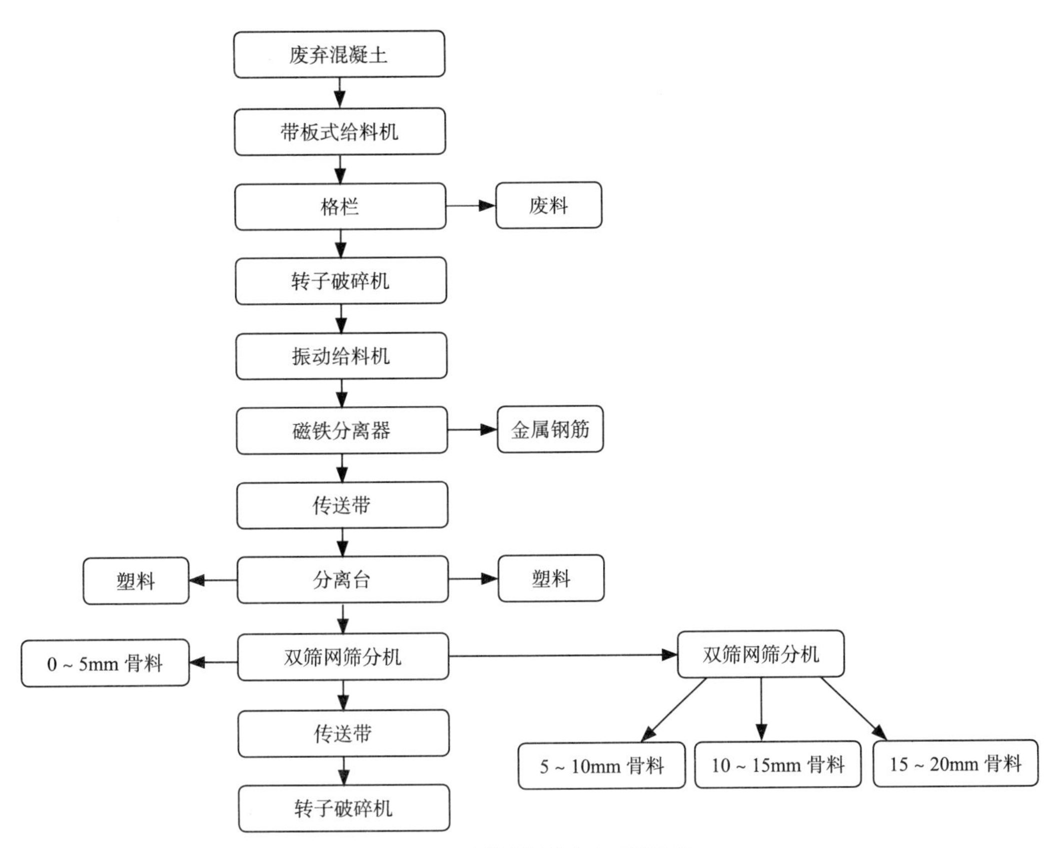

图 2-7　再生骨料的生产工艺流程

2.3.2　界面特性

再生粗集料混凝土拌合物由于部分或全部被硬化的老水泥砂浆所包裹，可视为部分可溶（即有部分离子可能溶出），则再生集料溶解释放离子的最大密度集中在集料的表面，溶出的离子可以参与水泥的水化反应。由于靠近再生粗集料表面的液相浓度最大，所生成的水化产物将填充在界面区毛细孔隙内，对提高界面粘结强度有利。但在水化过程中，界面过渡区（ITZ）的晶体及孔隙，加上晶体的定向排列，仍然会成为再生混凝土的薄弱环节。再生骨料界面结构如图 2-8 所示。

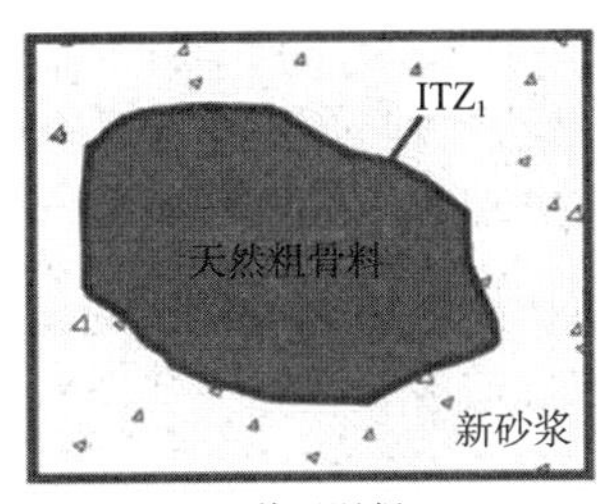

（a）普通混凝土

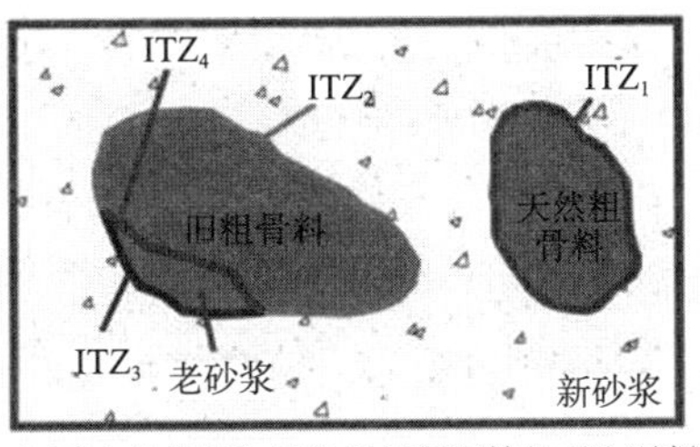

（b）再生粗骨料和天然粗骨料混掺的再生混凝土

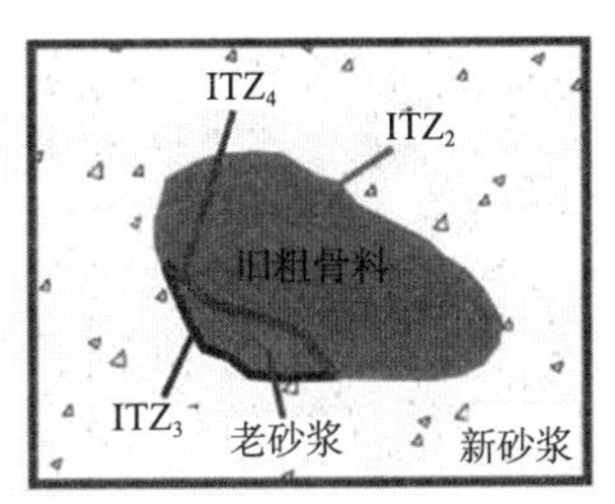

（c）全再生混凝土

图 2-8　再生骨料界面结构

2.3.3 性能特征

废弃混凝土经过破碎处理，生产出的再生骨料含有30%左右的硬化水泥砂浆，这些水泥砂浆大多数独立成块，少量附着在天然骨料的表面，导致再生骨料密度小，吸水率高，粘结能力弱。一般来讲，再生骨料棱角越多，表面越粗糙。废弃混凝土块再生破坏过程中的损伤积累，使再生骨料内部存在大量微裂纹。研究表明，与天然骨料相比，再生骨料具有孔隙率较高，密度较小，吸水性增强和骨料强度较低等特点。

机械活化和酸液活化可以对再生骨料的性能加以改善。机械活化的目的在于破坏弱的再生碎石颗粒或除去粘附于碎石上的低强度水泥石残渣，这是从再生骨料上消除残留砂浆的一种可行办法。但是没有必要通过高耗能途径去掉附着的砂浆，因为这样不但消耗大批能量，而且产生大量粉末，这些粉末进一步处理非常困难。酸液活化是用酸液（如盐酸）处理再生骨料，试验表明，用盐酸处理再生骨料不仅能提高混凝土的强度，改善拌合物的和易性，而且能提高再生骨料混凝土的初始弹性模量，降低泊松比，徐变。但这种方法费用较高，难以大规模应用于工程实践，而且残留的酸性物质也会对混凝土内弱碱性产生负面影响。

一般认为，在用水量相同的情况下，与基体混凝土相比，再生混凝土的坍落度减小，流动性变差，但黏聚性和保水性增强。主要原因是再生骨料表面粗糙，孔隙多，吸水率大，从而使得再生混凝土流动性差，坍落度变小。同时，由于骨料表面粗糙，增大了再生混凝土拌合物的摩擦阻力，使再生混凝土的保水性和黏聚性增强。研究发现在保持用水量不变的情况下，随着再生骨料所占比例增加，混凝土的坍落度逐渐下降。用再生骨料作为粗骨料、天然砂作为细骨料配制的再生混凝土，当采用基体混凝土配合比时，用水量需增加5%左右；若再生混凝土的粗细骨料均采用再生骨料时，用水增加量为15%，当再生骨料的取代率为0～60%时，其坍落度与基准混凝土基本相同，坍落度损失不大，不会给混凝土施工带来困难，主要是再生骨料用量较少，吸水量也较少；当取代率超过70%时，再生混凝土的坍落度明显降低。再生混凝土的坍落度随水灰比的增大而增大，这与普通混凝土是一致的。

1. 混凝土的质量损失率随着再生粗骨料配合比的增加而呈现上升趋势，尤其是在干湿循环次数达到75次之后，质量损失率增加的速率大幅度提升。

2. 混凝土的相对弹性模量随着干湿循环次数的增加，下降幅度比较明显，且再生粗骨料的配合比越高，相对动弹模量下降得越多。

3. 随着干湿循环试验次数增加，混凝土的抗压强度出现了先小幅度提升，又大幅度下降的趋势。当逐渐添加再生粗骨料，且干湿循环次数为50～100时，下降比例将超过25%，此时再生混凝土结构已遭破坏。

2.4　植被混凝土

植被混凝土是一种新型绿色环保材料，在为植被生长提供条件的同时起到一定的护坡作用。工程建设中为防止边坡垮塌需要边坡防护，或由于人为破坏需要生态治理及修复，因此植被混凝土生态治理技术得到了广泛应用。现有做法是将混凝土和植物种子混合成喷射基材，将混合物喷射至边坡上，待植被混凝土凝结固化后，利用植物生长恢复边坡的生态环境。

2.4.1　基材配方

边坡防护工程中的植被混凝土基材主要包括壤土、水泥、有机质、肥料、保水剂、草种和绿化外加剂等。植被混凝土基材配合比如表 2-1 所示。

（1）土壤：植被混凝土的基材中土壤占比最大，一般选择具备良好的水、热、氧条件的砂壤土，要求土壤含量不超过 5%，最大粒径小于 8mm，含水率不超过 20%。土层厚度要适宜植物生长并保证基材层在坡面上达到稳定要求，一般为 8 ~ 12cm。

（2）水泥：在植被混凝土中起胶结作用，一般选用 P.O.32.5 普通硅酸盐水泥，也可以根据不同的情况选用其他标号水泥。

（3）有机质：一般采用酒糟、醋渣或新鲜有机质（稻壳、秸秆、树枝）的粉碎物，其中新鲜有机质的粉碎物在基材配制前应做发酵处理。

（4）肥料：选用长效肥与短效肥配合使用。短效肥能使植被在短期快速生长，而长效肥是为了使植被在以后一段时间内不衰退。

（5）保水剂：一般选用吸水树脂，吸水树脂能吸收数倍于自身体积的水分，在植被混凝土中添加少量吸水树脂，能显著提高植被混凝土的抗旱性能。

（6）草种：应综合考虑地质、地形、植被环境、气候条件等因素，选择搭配冷暖两型混合种子，并适当掺入可喷植草种。在植被混凝土喷层中，面层含有草种，基层不含草种。

（7）绿化外加剂：主要有酸碱缓冲剂、着色剂、消毒剂、团粒剂。这些外加剂是为了调节植被混凝土的某些性能，以利于植被生长。可以选用磷化工的废弃物磷石膏，起到收旧利废、调节 pH 值和增加肥力等多重作用。

植被混凝土基材配合比（相对质量比）　　表 2-1

材料名称	砂壤土	P.O.32.5 水泥	绿色外加剂	有机质
用量	100%	8%~10%	4%~5%	5%~7%

2.4.2 技术指标

植被混凝土主要技术指标包括物理力学性能指标、化学性能指标和生物学性能指标。

（1）物理力学性能：容重 1.2 ~ 1.5g/cm^3；厚度 7 ~ 10cm；总孔隙率 33% ~ 43%；长期无侧限抗压强度 0.385 ~ 0.495MPa。

（2）化学性能指标：pH 值 7.2 ~ 8.6；有机质 5 ~ 30g/kg；碱解氮 25 ~ 70mg/kg；速效磷 50 ~ 300mg/kg；速效钾 200 ~ 500mg/kg。

（3）生物学性能指标：微生物数目 108 ~ 107CFU/g；基础土壤呼吸 2 ~ 10mg/（kg/d）；转化酶 10 ~ 20mg/（kg/d）。

（4）边坡浅层防护指标：植被混凝土喷射后，其抗冲刷能力按年均降雨量 2000mm 设计，实际经历 2h 降雨 120mm 的暴雨，未见表面冲刷破坏现象。

（5）植物生长指标：植物发芽率 90%，植物覆盖率 95%，植物多年生情况良好。

2.4.3 效益指标

（1）生态效益：随着社会经济的快速发展，开展交通、水利、矿山、电力等建设项目造成了大量的裸露坡面，因此喷射型植被混凝土具有十分重要的环保意义，可美化环境，涵养水源，防止水土流失和滑坡，净化空气。对于石质边坡而言，边坡绿化的生态环保意义尤为突出。

（2）水土保持效益：通过改变微地貌、增加地面植被、改良土壤以及建立坡面小型蓄水工程拦蓄地表径流，增加土壤入渗和减轻土壤侵蚀，增加了边坡的保水保土能力。

（3）经济效益：植被混凝土生态防护技术与 SNS 柔性防护系统等措施相比，单位面积投资少，后期维护费用低。另外，还可以根据地形、气候等情况，在坡底、马道等部位种植经济作物，进一步增加经济效益。

植被混凝土生态防护作为一项新型的边坡防护绿化技术，对高陡岩质边坡的绿化应用性很强。该技术适用范围广，基材配方可根据区域和气候条件进行调整，达到植被混凝土设计指标。实践证明这一技术既能保持水土、涵养水源，又能恢复边坡生态环境，综合效益显著，值得大力推广。

2.4.4 应用分析

山西省晋城市西环高速公路（图 2-9）K22+195 ~ K22+884 段东侧 C15 灰岩采石场的边坡高 3 ~ 75m，危岩清除后的边坡坡度为 50° ~ 85°，坡面面积约 11790m^2。本区大部分出露的地层主要为奥陶系中统峰峰组灰岩，山顶为第四系残坡积物覆盖。

采石场边坡基岩裸露，位于高速公路可视范围内，亟待恢复生态，与周边环境相协调。本区域属于温带大陆性季风气候，多年平均降水量 605mm，最大日降水量 176.4mm，多年平均蒸发量 1757mm。

2014 年本区域利用植被混凝土生态防护技术进行施工，施工工序依次为：清理坡面→铺挂金属网→锚固金属网→喷厚层基材（含草种）→养护（挂保湿防蚀遮阳网或无纺布）。金属网采用直径 2.0mm，孔径 50mm × 50mm 的铁丝网，每平方米用量为 1.15m^2（15% 的搭接）。当地降雨强度较小，基材层采用 10cm 的厚度，喷射植物物种采用耐寒抗旱适合种子繁殖的植物，主要用冰草、紫花苜、紫穗槐、胡枝子、波斯菊、榆树等，设计发芽为 1000 株 /m^2。施工完毕后，覆盖无纺布进行喷水灌溉养护，养护期为 50d。

图 2-9　山西省晋城市西环高速公路

该边坡喷附后在 30d 内坡面植被以草本为主覆盖度达到 70%，第二年后灌木逐渐生长，灌木草本共生，施工 3 年后坡面建植的植物群落以榆树、胡枝子等灌木为主，基本实现免养护。修复后的坡面既可以防止水土流失，又可以形成融入自然的坡面景观，绿化效果非常显著。

2.5　地质聚合物混凝土

硅酸盐水泥已成为现代化建设与社会发展不可或缺的建筑材料之一。然而，普通硅酸盐水泥原材料煅烧过程中 CO_2 的形成和释放增加了碳排放量。1kg 普通硅酸盐水泥生产过程中产生 0.66 ~ 0.82kg CO_2，全球水泥生产产生的 CO_2 占人为排放的 5% ~ 7%。此外，生产过程中 1400℃的高温消耗了很多能量。因此，低能耗高环保建筑材料的探索与研发成为全球绿色建筑材料研究工作的重点。哈伯特（Habert）等人发现 1kg 地质聚合物水泥制备过程中碳排放量为 0.180kg，仅为普通硅酸水泥的 1/5。与普通硅酸盐水泥混凝土相比，地质聚合物混凝土制备过程中碳排放量减少 26% ~ 45%。特纳（Turner）等为了全面精确对比普通混凝土碳排放，以普通混凝土和地质聚合物混凝土的制备过程的碳足迹为出发点，通过对原材料生产、运输、制造以及最终混凝土的制备过程与运输的能源消耗进行计算，可知与普通混凝土相比，$1m^3$ 地质聚合物混凝土显著降低了碳足迹，仅为普通混凝土碳排放的 9%。

地质聚合物作为无机高分子材料，也被称为碱活化材料（Alkali Activated Material，AAM）。地质聚合物以天然材料和废品为主要原料，通过碱或酸活化反应合成。地质聚合物具有耐火、耐化学腐蚀、机械强度高、耐久性好等优点。自 20 世纪 80 年代初以来，地质聚合物材料一直被视为普通硅酸盐水泥（Ordinary Portland Cement，OPC）的替代品，主要原因是它们具有低二氧化碳排放和性能优势。

2.5.1 制备方法

根据以往地质聚合物的制备方法，大多分为两类。由于活化剂的状态，一组制备单组分地质聚合物，一组制备双组分地质聚合物。对于单组分地质聚合物，通过活化剂优先处理。首先，将包括前体材料和固体活化剂在内的所有干燥成分慢速干燥并混合均匀；其次，在缓慢搅拌的同时将水逐渐加入混合物中。对于双组分地质聚合物，活化剂在混合前 24h 制备。首先，将制备的碱溶液与额外的水混合。将液体组分添加到干燥混合物中并继续搅拌直至均匀。其次，将制备的混合物通过振动浇注逐渐倒入模具中，用聚乙烯薄膜密封，根据实际需要在 24h 后脱模固化。然而，制备地质聚合物并不总是需要塑料薄膜。因此，在决定处理过程中是否需要塑料覆盖时，应考虑实际需要。图 2-10 简洁地展示了双组分地质聚合物的制备过程。

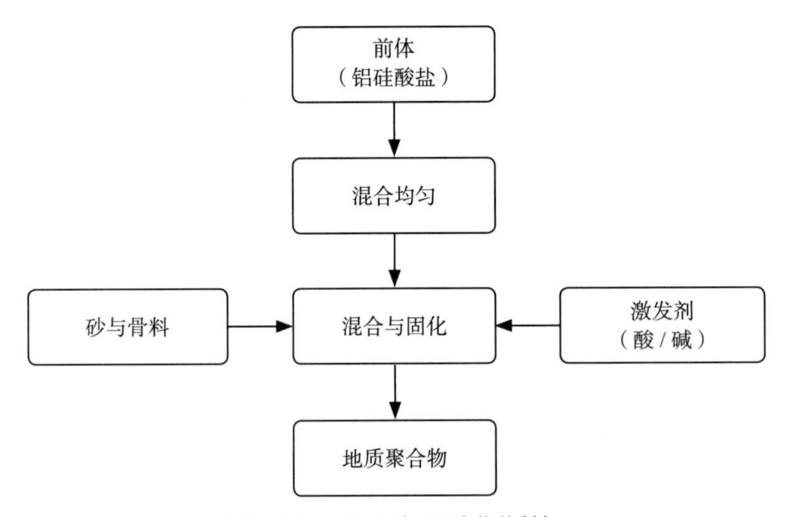

图 2-10 双组分地质聚合物的制备

2.5.2　收缩性能

碳化是 CO_2 与混凝土中的 $Ca(OH)_2$ 和 C-S-H（水化硅酸钙）凝胶反应生成 $CaCO_3$ 等物质，使混凝土变得硬而脆，同时降低混凝土的 pH 值的现象。碳化深度过大，会使混凝土内钢筋表面的钝化膜分解，造成钢筋锈蚀。

地质聚合物混凝土的碳化机理与传统混凝土不同。对于高钙地聚物，由于其聚合产物缺少 $Ca(OH)_2$，在碱激发矿渣水泥中 CO_2 直接与 C-A-S-H（硫铝酸钙）凝胶反应生成 $CaCO_3$，水滑石作为大多数碱激发矿渣水泥的第二大聚合产物，能结合碳酸盐离子以及减缓 CO_2 的侵入。对于低钙地聚物，由于其主要产物 N-A-S-H（水化硅铝酸钠）凝胶并没有脱钙过程，所以碳化过程中的主要变化是孔溶液由高碱度向高碳酸钠浓度转变，并且微观结构没有太大的改变。碱激发矿渣混凝土的碳化速率低于普通硅酸盐混凝土，碱激发矿渣的碳化速率为硅酸盐水泥的 5 倍以上，而且碱激发矿渣混凝土碳化后，内部钢筋的锈蚀程度明显大于硅酸盐混凝土。碱激发矿渣的抗碳化性能取决于激发剂的种类，当用 Na_2SiO_3（硅酸钠）作碱性激发剂时，试件碳化后强度明显降低，而用 NaOH（氢氧化钠）作碱性激发剂时，碳化后强度还略有提高，这是因为两种激发剂激发矿渣后的水化产物 C-S-H 结构不同所致。

2.5.3　抗冻性能

混凝土建筑物所处环境有正负温交替，且在混凝土内部含水较多的情况下易发生冻融破坏，因此冻融破坏是我国混凝土结构老化病害的主要问题之一，严重影响混凝土建筑物的长期使用和安全运行。

地质聚合物混凝土作为具有发展前景的绿色建筑材料，抗冻性直接关系到它的使用和应用。国内外对此进行了研究，并取得了一些成果。研究发现冻融循环对矿渣微粉基地质聚合物浆体的影响，结果表明，与普通硅酸盐水泥相比，地质聚合物浆体中溶液冻结更为缓慢，这归因于地质聚合物与普通硅酸盐水泥孔结构的差异：地质聚合物含有较多的凝胶孔，而普通硅酸盐水泥含有较多的毛细孔。研究发现冻融循环对矿渣微粉基地质聚合物混凝土性能的影响，结果表明，经过 300 次循环后，其弹性模量损失小于 12%，质量损失保持在 6% 以下。这主要是由于低 Ca/Si 比的 C-S-H、无钙铝硅酸盐以及沸石组成对称紧凑结构，使得水难以渗入混凝土。研究发现冻融循环对粉煤灰基地质聚合物混凝土相关性能的影响，结果表明，经过 150 次冻融循环后，其质量损失较低且外表完整，但循环后抗压强度略低于标样 28d 抗压强度，故具有较好的抗冻性。

2.5.4　碱 - 集料反应

碱 - 集料反应是指水泥、外加剂等混凝土组成物及环境中的碱活性矿物在潮湿环境下缓慢发生并导致混凝土开裂破坏的膨胀反应。碱 - 集料反应是波特兰水泥混凝土的主要耐久性问题之一，会引起混凝土结构显著膨胀与开裂。

地质聚合物混凝土作为一种替代波特兰水泥的可持续发展胶凝材料，其碱 - 集料反应受到广大学者的关注。地质聚合物混凝土原料体系对碱 - 集料反应有着显著的影响。粉煤灰基地质聚合物混凝土由于早期反应生成的聚集体在骨料附近形成致密的链接结构，从而阻止了碱骨料反应。地质聚合物混凝土中钙含量较低，导致碱 - 集料反应程度较低。研究发现，在粉煤灰基地质聚合物混凝土潜在的碱 - 集料反应中，地质聚合物混凝土的膨胀率仅为 0.10%，远低于标准，因此碱 - 集料反应较弱，具有优良的耐久性，并且碱激发矿渣较易发生碱 - 碳酸盐反应，而非碱 - 硅反应。通过研究碱激发矿渣地质聚合物混凝土，证实了与普通硅酸盐水泥相比，其碱 - 集料反应程度较低。富含二氧化硅与硅酸盐的集料、浆体中足够的碱（钠或钾）以及充足的水作为碱 - 集料反应的必备条件，三者缺一不可。一方面，由于地质聚合物混凝土中钙含量较少，导致对碱 - 骨料反应具有催化作用的 $Ca(OH)_2$ 生成量较低，同时生成的低钙硅比和富铝相的 C-S-H 有效地结合碱性物质，阻止碱骨料反应的发生；另一方面，地质聚合物中的含水量在聚合反应前后是相等的，在硅铝相溶解、离子转移以及硅铝化合物的水解过程中起媒介作用。

2.6 清水混凝土

清水混凝土即一次成型，不做任何装饰的混凝土。以混凝土本身的自然质感与精心设计的明缝、禅缝和对拉螺栓孔组合形成的自然状态作为装饰面的建筑表现形式，广泛应用于工业建筑、民用工程的高层、公共建筑以及市政桥梁中。清水混凝土是混凝土材料中高级的表达形式,显示的是一种本质的美感,体现的是“素面朝天”的品位。清水混凝土具有朴实无华、自然沉稳的外观韵味，与生俱来的厚重与清雅是一些现代建筑材料无法效仿和媲美的。材料本身所拥有的柔软感、刚硬感、温暖感，不仅对人们的感官及精神产生影响，而且可以表达建筑情感。因此建筑师们认为，这是一种高贵的朴素，看似简单，其实比金碧辉煌更具艺术效果。

我国于 20 世纪 90 年代起在各类建筑结构中开始采用清水混凝土建筑风格，完成了一大批清水混凝土工程，如上海杨浦大桥、南浦大桥、南京长江三桥等交通基础设施工程，三峡输变电工程中的龙泉变电站、青海公伯峡水电站厂房、广东肇庆 500 kV 换流站、石嘴山电厂扩建工程 220 kV 配电装置楼等工业设施，重庆西客站、浦东机场航站楼、郑州国际会展中心、联想集团北京研发基地工程、北京亦庄东晶国际住宅工程等民用建筑工程的建设。清水混凝土应用如图 2-11 和图 2-12 所示。

图 2-11　港珠澳大桥清水混凝土工程

图 2-12　重庆西客站清水混凝土雨篷

然而，我国的清水混凝土技术相比国外起步较晚，在研究水平以及施工技术、规范方面还有一定的差距。在我国，尽管近几年清水混凝土施工技术在结构工程中得到了较为广泛的应用，但只能凭借以往经验和工程实例进行操作，没有具体规定与强制的标准指导和检验，在大量的实际工程中往往参照抹灰验收标准制定工程的“内参”进行施工指导和验收，这些问题都亟须在清水混凝土外观质量评价技术方面开展进一步的深入研究。

2.6.1　材料分类

根据对清水混凝土表观质量的要求程度，清水混凝土可划分为三类：普通清水混凝土、饰面清水混凝土、装饰清水混凝土。

普通清水混凝土：表面颜色无明显色差、对饰面效果无特殊要求的清水混凝土，主要是指用于桥梁、水利以及工程建筑中的构筑物。

饰面清水混凝土：表面颜色均匀，由有规律排列的对拉螺栓孔眼、明缝、禅缝、假眼等组合形成，自然饰面质感效果显著，是我国应用最广泛的清水混凝土。

装饰清水混凝土：也称艺术清水混凝土，其表面装饰图案，镶嵌装饰片或各种颜色的清水混凝土，是清水混凝土发展的趋势。

2.6.2　性能特征

由于原材料和硬化机理与普通混凝土相同，清水混凝土力学性能和耐久性能的变化规律与普通混凝土相似。杜宁研究了清水混凝土力学性能和耐久性能的影响因素，结果表明掺粉煤灰略微降低混凝土 3d、28d 抗压强度，矿渣能提高 3d、28d 混凝土强度，但两者与对照组在 90d 龄期强度基本一致，说明不同矿物掺合料对混凝土不同的硬化时期影响效果不同，并且矿物掺和料的加入使得混凝土碳化速度明显降低，抗盐侵蚀能力明显提高，抗冻性略微提高；高效减水剂的使用明显增加了混凝土的抗渗性，并略微降低了干燥收缩，该规律与普通混凝土相同。有机硅烷憎水剂和丁苯乳液能提高混凝土的抗裂性和抗渗性，有机硅烷憎水剂效果更佳，但会降低混凝土早期强度；丁苯乳液能降低混凝土抗压强度，高吸水树脂能降低混凝土干燥收缩，但对力学性能和抗渗性影响较小。

喻江武等人研究了对高性能清水混凝土抗硫酸盐侵蚀性能的影响，结果表明：水胶比越大，抗硫酸盐侵蚀系数越低；同水胶比条件下，掺加天然火山灰和粉煤灰对混凝土早期抗侵蚀能力的影响不明显，而浸泡 90d 以后，其抗侵蚀能力和干湿循环耐蚀性明显优于未掺组，且当粉煤灰为 10%、火山灰为 20% 的掺量时，混凝土抗侵蚀能力最好。

粉煤灰的掺加会提高清水混凝土抗蚀性，并且龄期越长，效果越明显，这是因为粉煤灰能起到固化氯离子的作用，同时粉煤灰使混凝土结构变得更加致密，减少了气泡量和氯离子渗透量，大幅度提升了清水混凝土的耐久性，低水胶比的情况下，掺 60% 的粉煤灰，高性能清水混凝土冻融耐久性系数大于 0.8，56d 碳化深度小于 4mm，硫酸盐侵蚀循环 28 次后强度变高、28d 电通量小于 1000C（库伦），耐久性仍然保持较高的水平。

双掺粉煤灰与天然火山灰能提高混凝土工作性能和早期强度，并且显著提高后期强度，两者按照一定比例复掺（天然火山灰与粉煤灰按照 2 ： 1 比例替代 30% 水泥时效果最佳）能提高抗渗性和抗裂性，同时降低收缩。虽然掺粉煤灰和矿渣粉能提高混凝土抗冻性和耐冷热性，但进行抗冻性试验和耐冷热性试验后均产生表面裂纹，影响了清水混凝土的观感，目前尚无相关文献提出这一现象的解决措施。

在轻集料清水混凝土的配制和耐久性中，振动时间会影响混凝土内部气泡含量和骨料分布，振捣时间为 8 ~ 10s 时，轻集料清水混凝土性能最好，振动时间偏低会使气泡含量增加，偏高会使轻集料上浮；氟碳涂料涂在混凝土表面可以提高混凝土的抗冻性。

王凤丽等对高性能清水混凝土进行了配合比设计，并研究了其流动性和表面耐久性，发现减水剂的掺加会使坍落度损失大大增加，为使流动度损失降低，应该选择 C_3A 和碱含量低、比表面积小的水泥品种。同时，通过调节石膏的掺量可以使坍落度损失显著减少，使用木质素磺酸盐类减水剂的混凝土，其坍落度和坍落度损失均很小，萘系和三聚氰胺系高效减水剂的原始坍落度较大，坍落度损失也较大，两者混合使用既能满足原始坍落度大，又能确保坍落度损失小。水能增加水泥浆体流动性，但是增加水灰比会降低混凝土的强度，适当的砂率（39% ~ 41%）可以增加混凝土流动性，表面光滑且越接近圆形的骨料，所配制的混凝土流动性越好，掺入矿物掺和料能显著改善混凝土的工作性能，施工温度和时间亦是如此，温度越高，时间越长，混凝土流动性越差。粉煤灰能够改善水泥净浆的流动性，掺量在 30% ~ 35% 左右时，自密实混凝土工作性最好，30min 内经时损失最小 11%。硅灰和纤维素醚能增加混凝土浆体黏度，提高混凝土匀质性，但纤维素醚掺量超过 6×10^{-5}、硅灰掺量超过 8% 后，虽然混凝土匀质性较好，但工作性能大幅度下降，无法满足施工要求。

2.6.3　应用优势

清水混凝土以其特有的表观质量，充分证明和显示了清水混凝土技术的先进性、优越性，包括质量、经济、环保优势和工程应用优势。

1. 优越的质量性能

清水混凝土施工属于一体成型，且无需抹灰等操作，消除了施工过程中的建筑死角和结构裂缝、外层脱落等质量隐患。同时省去抹灰、装饰的厚度，使混凝土结构构件截面增大，增加了构件的抗压能力。

2. 经济效益显著

随着我国城市化进程的不断加快，土地资源日趋紧张，为了满足人们对住房的刚性需求，钢筋混凝土房屋设计和建造得越来越高。目前，混凝土结构面层材料主要有面砖、涂料、铝板、石材等，这些材料都存在一定的缺陷。面砖有粘结问题，一旦脱落，相当危险，涂料在日光照射后容易脱色，耐久性差。大理石，花岗石和其他石材较厚，这会增加墙的厚度，影响室内使用空间，并减少建筑物的有效使用面积，铝胶合板成本高，制造工艺相对复杂。清水混凝土的广泛应用有效避免了墙体空鼓、开裂、脱落等常见质量隐患，墙体的受潮、防漏等问题得到有效解决，节省了一定的工作量，并实现了工程施工的经济效益。

3. 绿色环保价值

从资源节约和环境保护的角度看，清水混凝土非常适合中国的国情。清水混凝土也称为绿色混凝土，其结构一次浇筑成型，无需剔凿和修补，表面无抹灰层。它减少了建筑材料的使用，也减少了大量的建筑废物，这对保护环境是非常有益的。同时，省去了诸如抹灰，喷涂和干挂之类的装饰工作，减少了诸如甲醛之类化学产品的使用，避免资源浪费的同时减小了装饰材料对人体健康的影响程度。此外，清水混凝土在施工中能减少了砂浆的使用，并有效降低了施工现场的施工噪声。

4. 在桥梁工程的应用

在桥梁工程中的应用主要集中在高速公路桥梁、地铁、轻轨等方面。目前，考虑到人们对桥梁内实外美的要求和关注，以及清水混凝土独特的装饰作用和优越的质量性能，我国诸多桥梁工程均采用清水混凝土。比如：山东滨大高速公路、广州地铁四号线的地铁墩柱、武汉轻轨一号线、青岛地铁十三号线的灵山卫站和两河站等四座车站、郑州市京广快速路等。在实际施工过程中，为了得到预期的外观效果，需要严格把控混凝土原材料选取、混凝土运输和浇筑等工艺。在施工之前，需要对清水混凝土的原料及配合比、模板、浇筑、养护等环节进行模拟测试，确保达到标准后进行正式施工。

5. 在电力工程建筑的应用

吉安变电站的主变基础、兰溪电厂的主厂房都采用了清水混凝土工艺。对吉安变电站的主变基础施工时，施工方严格把控清水混凝土原材料的选择和施工、模板的制作与安装，使之质量过关，并且达到美观的效果。在兰溪电厂施工时，需要对厂房的外包钢柱、梁、板采用清水混凝土施工技术，确保施工质量和美观。

6. 在公共建筑的应用

上海浦东国际机场航站楼、国家体育场为内现浇清水看台板、武汉琴台大剧院、青岛卓亭广场等成功应用了饰面清水混凝土技术。其中青岛卓亭广场使用清水混凝土的造价为 1300 元 /m^2，使用普通混凝土的造价为 1000 元 /m^2，但需要额外 600 元左右的石材铺装。两者相比，采用清水混凝土工艺施工节省了 300 元 /m^2，更经济、便捷，具有较高的推广价值。

2.7 新型墙体材料

“新型墙体材料”的概念是相对“传统墙体材料”而言的，是随着技术发展更新而新出现的概念，是区别于传统的砖瓦、灰砂石等传统墙体材料的墙材新品种。近几年在社会上出现的新型墙体材料种类多样，包括加气混凝土砌块、小型混凝土空心砌块、石膏砌块、陶粒砌块、烧结多孔砖、活性炭墙体、新型隔墙板等。从目前情况可以看出，新型墙体材料在兼顾美观大方的同时，也能保证更好的性能，并且更加环保。

2.7.1 材料分类

1. 砖

当前比较常见的砖类建筑墙体材料为非黏土烧结多孔砖、空心砖、混凝土材质多孔砖以及烧结多孔砖等。不同种类的砖，使用范围与性能不同，需要根据工程情况判定如何选用。

2. 建筑砌块类

建筑砌块是比较关键的环节，常规混凝土材质的空心砌体和轻集料混凝土空心砖等，都是常见的砌块类型。除此之外，还有加气混凝土砌块和粉煤灰空心砌块等。

3. 建筑板材

常见的建筑板材包括玻璃纤维增强水泥轻质板材、蒸压板材、钢丝网夹心板材以及轻集料板材等。各种板材特点不同，造价差异较大，需要综合考量。

4. 其他材料

近年来，新型墙体材料更新换代速度比较快，除了上述材料外，还有钢结构和玻璃幕墙等种类。

2.7.2 性能特征

1. 砖

以当前较为常见的砖为例，页岩烧结空心砖的容重状态与抗压强度比较低，防火性能良好。黏土烧结多孔砖的容重略好于页岩烧结空心砖，并且抗压强度区间也更加广阔，防火性能与页岩烧结空心砖持平。除此之外，还有黏土烧结空心砖和粉煤灰砖等，这两种砖块在型号规格上的差异比较大，黏土烧结空心砖的容重要远远小于其余各品种的砖块，但是防火性能与页岩、黏土烧结多孔砖持平。粉煤灰砖的防火性不理想，远低于其余种类的砖。

2. 建筑砌块类

建筑砌块种类比较多，陶粒混凝土空心砌块、加气混凝土砌块、普通混凝土空心砌块以及粉煤灰空心砌块都是比较常见且使用效果较好的建筑砌块。四种砌块的隔声效果相同。在吸水率方面，普通混凝土空心砌块要略差于其余三种砌块，而在导热性能方面，普通混凝土空心砌块的效果较好。

3. 建筑板材

建筑板材种类繁多，有玻璃纤维增强水泥轻质多孔隔墙板和钢丝网架水泥夹芯板等。钢丝网架水泥夹芯板是目前比较常见的一种板材类型，以 100mm 的夹芯板自重情况为例，其抗压程度大于 5MPa，导热系数为 0.84，隔声效果良好。

4. 其他材料

除了常见的几种板材之外，还有聚苯夹芯板和金属面夹芯板等类型的夹芯板，但是在实用性和板材性能方面无法与几种常规材料相比。金属面夹芯板性能如表 2-2 所示。

金属面夹芯板性能　　表 2-2

类别	粘结性能 / MPa	抗弯承载力 / $kN \cdot m^{-1}$	容重 / $kg \cdot m^{-3}$	导热系数 / $W \cdot (m \cdot K)^{-1}$	耐火性 /h
聚苯夹芯板	≥ 0.1	≥ 0.5	≥ 18	≥ 0.041	≥ 1
聚氨酯夹芯板	≥ 0.09	≥ 0.5	≥ 30	≥ 0.027	≥ 1
岩棉夹芯板	≥ 0.06	≥ 0.5	≥ 100	≥ 0.045	≥ 1

2.7.3 应用优势

我国目前建筑物的主要墙体材料仍是实心黏土砖，是以黏土为主要原料，经成型、干燥和焙烧而成的建筑材料。实心黏土砖不仅吞噬了大量的沃土，毁坏了无数的优质良田，而且还消耗大量能源，其生产能耗每年约6000万t标准煤，并且在烧制过程中还会释放出大量的CO_2和能形成“酸雨”的SO_2气体，排放废气$CO_2$1.7亿t。这些污染物比污水、污渣对环境的危害更大，严重破坏了生态环境和人类的生存环境。

因此，国家为了保护土地，保护环境，节约和综合利用资源，促进社会、经济与科技的全面发展，为了全民族的长远利益，从可持续发展的高度提出了首先在沿海城市和土地资源稀缺的城市禁止使用黏土实心砖。因此，进行墙材革新和建筑节能对我国走可持续发展道路具有重要意义。通过发展新型墙体材料替代耗能高、破坏农田和占用土地的实心黏土砖，可以实现多重效益。例如，实现废弃物资源化利用，节约土地资源。因此，推进墙材革新和建筑节能事关重大，对于我国的可持续发展具有重要意义。

1. 新型墙体材料的应用优势

（1）保温隔热性能好：黏土多孔砖、混凝土多排孔砌块等产品的导热系数均低于黏土实心砖。如黏土多孔砖墙体的导热系数仅为黏土实心砖的70%，240mm厚多孔砖墙的保温能力相当于370mm厚黏土实心砖墙。

（2）能耗低：黏土实心砖每万块砖需取土毁田0.0007 ~ 0.001亩，每块标准砖仅烧结就需热量3768kJ，混凝土砌块包括水泥、成型和蒸汽养护的总耗能，折合成标准砖为1796kJ，其能耗不足黏土砖的一半。

（3）强度等级高：目前某些新型承重墙材，其强度等级均为MU10或MU10以上，黏土多孔砖已有MUI5级的产品，少数达到MU20级以上，其强度超过了常用的黏土实心砖。

（4）自重轻：有利于地基处理和抗震。在新型承重墙体材料中，黏土多孔砖、混凝土小型空心砌块等容重均低于黏土实心砖，由于使用新型墙体材料的墙体重量轻，能大大降低建筑物自重，从而减少了地基与基础的处理难度与费用，有效地提高了建筑物的抗震能力。

（5）施工速度快：由于砌筑1m^2的混凝土空心砌块墙需标准砌块12.5块，而1m^2、240mm厚的砖墙需用128块砖，工人在砌筑同等面积的砌块墙时，弯腰取块挂灰的次数可减少90%，不仅降低了砌筑工人的劳动强度，而且提高了砌筑速度30% ~ 100%。

（6）节省砂浆：小型砌块砂浆用量少。每平方米190mm厚的小型砌块墙的砂浆用量，仅为黏土砖墙的20% ~ 30%，即可节省砌筑砂浆70%以上，使墙的重量有所减轻。

（7）增加使用面积：多层及中高层房屋的小型砌块均可采用190mm厚墙，在同等建筑面积的条件下，可增加有效使用面积3% ~ 5%。

（8）防渗水性能优于红砖：混凝土空心砌块本身的渗水率远低于黏土实心红砖，同等雨量下的防渗水性能也优于红砖。出现渗漏水的关键部位不在于砌体本身的材质，而在于砂浆与砌块相接的缝。

2. 新型墙体材料的环境与经济优势

（1）节约土地和能源。我国是一个农业大国，土地是农民赖以生存的基础，要解决 14 亿人口的吃饭问题，就必须保护每一寸土地，珍惜有限的土地资源。据不完全统计，全国共关停小砖瓦企业 6000 多家，淘汰落后生产能力 410 多亿块标准砖，节约土地 6 万 km^2，节约能源超过 1600 万 t 标准煤。

（2）实现资源可循环利用：我国每年排放超过 2 亿 t 煤矸石和粉煤灰，历年堆积的工业废渣 70 亿 t，占用存放土地面积 6.7 万 km^2。新型墙体材料在生产过程中可利用煤矸石、粉煤灰等工业废渣，不仅解决了工业废渣的存放问题，而且实现了资源的可循环利用。

（3）减少环境污染：实心黏土砖在烧制过程中会产生大量对环境和人体有害的气体，严重破坏了生态环境和人类的生存环境，而新型墙体材料在生产过程中不会产生大量的有害气体，减少了污染，净化了人们生存的环境。

（4）提高住宅建设现代化水平："禁实"和推广新型墙体材料，是建筑业的一场巨大革命，改变了传统施工工艺，提高了施工效率，改善了建筑功能，增加了使用面积，加速了住宅产业现代化步伐。有些部门开展研究"禁实"后的新型墙体材料施工现场装配工艺，不仅提高了施工过程中的现代化水平和建筑质量，而且极大地缩短了施工工期，提高了工作效率。在新冠疫情肆虐时期，仅用 10 天时间建造的武汉火神山、雷神山医院，设计应用的就是新型墙体材料。改变传统的砌筑工艺，是加快工程建设速度的重要因素。

2.8　建筑节能材料

建筑工程中选用绿色节能环保材料，不仅可以保护环境，还能够降低能源消耗。与传统建筑材料相比，其优势是具有可再生性，能循环利用。建筑工程的能源消耗量非常大，而且对环境造成一定的影响。采用环保型材料可以有效保护环境，不会大量消耗天然资源，所产生的固体废渣和废弃物能够得到有效应用。通过提高环保型材料的使用效率，可以实现能源的充分利用，确保环境质量，并维护生态平衡。同时，这些材料还具备循环利用的特性，在原建筑拆除过程中不会对环境造成污染。采用这些环保型材料的建筑不仅综合性能良好，而且各项功能得到提升，人们的居住环境得到改善，从而获得更高品质的生活。建筑节能范例如图 2-13 所示。

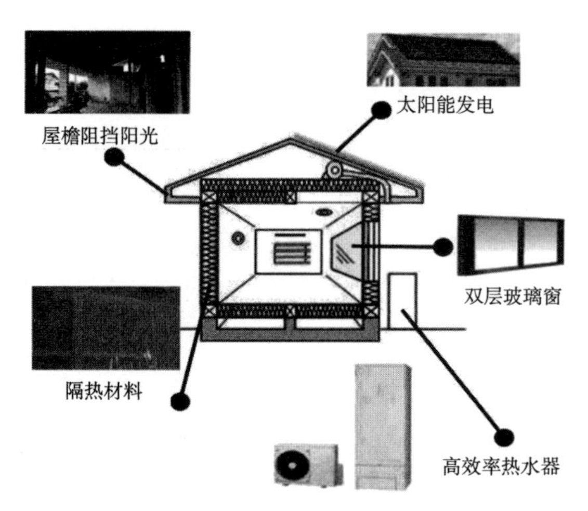

图 2-13　建筑节能范例

2.8.1　墙体材料

在房屋建筑中，墙体作为主要围护结构，是建筑节能的重点关注对象，为此我国研发出多种节能型的墙体材料，常见材料如下：

一是加气混凝土砌块如图 2-14 所示。为了减少墙体施工建材资源损耗，提升墙体的性能，需要研发出更具轻质、隔声、隔热保温等功效的加气混凝土砌块材料。这种材料适用于房建施工，特别是在高寒环境下，解决主墙体材料的面层冻融、隔气防潮等难题。二是 EPS 砌块，其材料优势在于墙体构造更为灵活，而且操作简便，能够在墙体浇筑期间一同施工，改善墙体性能。三是空心混凝土砌块，极大地节约了材料用量，但需要做好砌块模数的量化工作。四是模网混凝土，不仅有足够的材料强度，减少墙体材料用量，而且保温、隔热效果显著，需进行现场组装，可提高房屋建筑施工效率。

图 2-14　加气混凝土砌块

2.8.2　外墙保温材料

就墙体节能而言，传统使用重质单一材料增加墙体厚度达到保温的做法已经不能适应节能和环保的要求，而复合墙体越来越成为墙体的主流。复合墙体一般用块体材料或钢筋混凝土作为承重结构，与保温隔热材料复合，或在框架结构中用薄壁材料进行保温、隔热材料作为墙体。建筑用保温、隔热材料主要有岩棉、矿渣棉、玻璃棉、聚苯乙烯泡沫、硬质聚氨酯泡沫、膨胀珍珠岩、膨胀蛭石、加气混凝土以及胶粉聚苯颗粒浆料发泡水泥保温板等。其中，硬质聚氨酯泡沫塑料因具有闭孔结构的特点，可使保温层材质导热系数更低，对不良环境的耐受力强，但材料造价成本较高。

值得一提的是胶粉聚苯颗粒浆料，如图 2-15 和图 2-16 所示，它是将胶粉料和聚苯颗粒轻骨料加水搅拌成浆料，抹于墙体外表面，形成无空腔保温层。聚苯颗粒骨料采用回收的废聚苯板经粉碎制成，而胶粉料掺有大量的粉煤灰，这是一种废物利用、节能环保的材料。

图 2-15　胶粉聚苯颗粒浆料发泡水泥保温板

图 2-16　聚氨酯保温板

2.8.3　门窗材料

在房屋建筑节能设计中，要重视门窗材料的选用，环保节能门窗材料有助于建筑能耗的降低，发展潜力较大。

1. 中空玻璃

中空玻璃在房屋建筑中应用较多，其优势在于低导热率且隔声效果显著。中空玻璃中间充灌氪气、氩气或者空气，热导率很低，具有优异的保温性能。从性能和经济方面综合考虑，中空玻璃内腔以充灌氩气为佳。如图 2-17 所示我国常用的中空玻璃有两种：槽式中空玻璃和复合胶条式中空玻璃，现在多采用后者。目前我国中空玻璃的普及率不足 1%，但它是实现门窗节能的重要途径，以中空玻璃逐渐代替普通玻璃将是必然趋势。

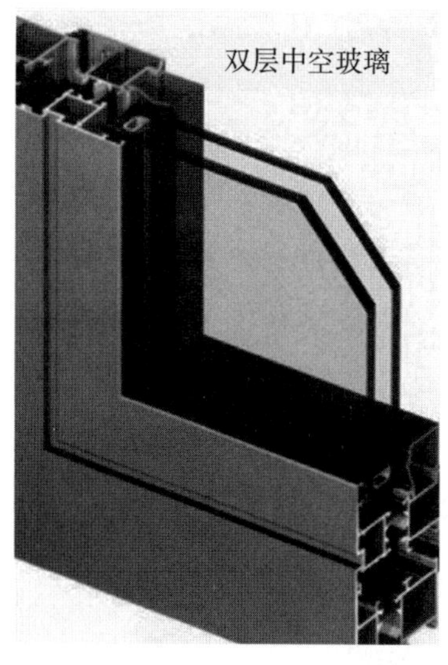

图 2-17　中空玻璃

2. 真空玻璃

真空玻璃（图 2-18）是一种新型玻璃深加工产品，基于保温瓶原理研发而成。真空玻璃的结构与中空玻璃相似，其不同之处在于真空玻璃空腔内的气体非常稀薄，几乎接近真空。真空玻璃的两片一般至少有一片是低辐射玻璃，这样就将通过真空玻璃的传导、对流和辐射方式散失的热降到最低，其工作原理与玻璃保温瓶的保温隔热原理相同。同时，真空玻璃的真空层可以有效地阻隔声音的传递，特别是对于穿透性较强的中低频率效果十分显著。

图 2-18　真空玻璃

3. 低辐射镀膜玻璃

低辐射镀膜玻璃是在真空状态下以磁控溅射的方法在玻璃表面镀上金属银层或其他化合物而成（图 2-19）。通过改变玻璃的透射系数和反射系数，可以同中空玻璃、真空玻璃结合起来使用。低辐射镀膜玻璃对可见光具有较高的透过率，可以保证室内的能见度，并具有较高的红外线反射率，达到保温节能效果。低辐射镀膜玻璃品种包括：高透型低辐射（LOW-E）玻璃、遮阳型 LOW-E 玻璃、双银 LOW-E 玻璃。

图 2-19　低辐射镀膜玻璃

4. 智能玻璃

智能玻璃能感知外界光的变化并作出反应，它分为两类：一类是光致变色玻璃，在太阳光强烈时，可以阻隔太阳辐射热；天阴时，玻璃变亮，太阳光又能进入室内。另一类是电致变色玻璃（图 2-20），在两片玻璃上镀有导电膜及变色物质，通过调节电压，促使变色物质变色，调整射入的太阳光，但因其生产成本高，还不能大量生产使用。

图 2-20　电致变色玻璃

从门窗材料来看，近些年出现了铝合金断热型材、铝木复合型材、钢塑整体挤出型材、塑木复合型材以及 UPVC（硬聚氯乙烯）塑料型材等技术含量较高的节能产品。其中 UPVC（硬聚氯乙烯）塑料型材所使用的原料是高分子材料硬质聚氯乙烯。它不仅在生产过程中能耗少、无污染，而且材料导热系数小，多腔体结构密封性好，因而保温隔热性能好。同时，门窗框扇节能型材料也有多种选择，如塑钢型材，可使框扇结构具有良好的保温性能，减少门窗框扇部位的热量交换。

2.8.4 屋顶材料

屋顶保温常用的技术措施是在屋顶防水层下设置导热系数小的轻质材料，用于保温，如膨胀珍珠岩、玻璃棉等（正铺法），也可在屋面防水层以上设置聚苯乙烯泡沫（倒铺法）。在英国屋顶保温层的做法则是采用回收废纸制成纸纤维，这种纸纤维生产能耗极小，保温性能优良，纸纤维经过硼砂阻燃处理，也能防火。施工时，先将屋顶的钉层夹层，再将纸纤维喷吹入内，形成保温层。

架空通风、屋顶蓄水或定时喷水、屋顶绿化等做法都能不同程度地满足屋顶节能的要求，但最受推崇的是利用智能技术、生态技术实现建筑节能的目的，如太阳能集热屋顶（图 2-21）和可控制的通风屋顶等。

图 2–21 太阳能集热屋顶

2.8.5 其他材料

现阶段，对环保节能材料的研究仍属于重要的科研方向，国内外学者正不断研发新型材料，如相变微胶囊，其材料特性集中于热存储方面。尽管距离工程应用仍有差距，但也为节能环保建材的发展指明了新的方向。其次就是新能源与建材的结合，如利用太阳能转换材料替代房屋建筑常规建材，可以减轻建筑使用中的能源压力，使建筑更加节能。

太阳能是人类可以利用的最丰富、最洁净、最理想的能源，随着太阳能光电转换技术的不断突破，在建筑中综合利用太阳能成为可能。因此，美国、日本和欧洲的工业发达国家纷纷推出开发《太阳屋计划》。由此预见，采用光能转换技术与建筑的屋顶、外墙、窗户等相结合，很可能开发出 21 世纪的新型建材制品，既可作为建筑材料，又可进行太阳能发电，具有极为广阔的发展前景。

2.9　固体废弃物资源化

随着我国经济的高速发展，城市化进程加快，人民生活水平不断提高，固体废弃物，特别是城市生活垃圾的产量显著增加，对环境造成的污染日益严重。在可持续发展的 21 世纪，固体废弃物无害化、减量化和资源化处理技术的开发应用及产业化将会有一个广阔的前景，成为继废水、废气处理之后的又一研究热点。

2.9.1　建筑垃圾

1. 资源化途径

当前，我国正处在经济社会快速发展的阶段。由于大量老旧建筑物、构筑物和道路的拆迁和新建、翻建，产生了大量的建筑废弃物。这些建筑废弃物如不加以合理利用，将给城乡生态环境带来严重污染，造成巨大的资源浪费。

建筑废弃物是一种多组分混合物，以废混凝土、废砖瓦、废渣土为主，还有其他建筑材料，如废弃木材、废弃钢筋、其他废弃金属材料和塑料等。建筑垃圾的利用包括以下几个方面：

一是生产再生粗细骨料。建筑废弃物破碎、筛分和收集后，根据收集物的颗粒粒径、物理强度等性能，分别生产再生粗骨料、再生细骨料和再生微粉。它们可以根据需要，作为骨料使用。粗细骨料添加固化类材料后也可用于道路路面基层。

二是生产再生砖、再生砌块等建筑制品。建筑废弃物破碎、筛分后，根据收集物的颗粒粒径、物理强度等性能，添加相应的辅助原料，经干燥制成各类空心砖、多孔砌块、墙体板材等建筑制品。这种产品具有强度高、自重轻、耐久性好、尺寸规整以及保温隔热性能优越、大量节约天然原材料的特点。

三是生产各类道路材料。废弃路面沥青混凝土混合料经破碎、筛分，可按一定比例直接用于生产道路沥青混凝土；废弃道路混凝土经破碎、筛分，可加工生产再生骨料，用于配制再生道路混凝土。

四是生产其他施工辅助材料。建筑废弃物经适当处置后还可用于地基基础、桩基基础、市政工程充填材料等。通过充分利用建筑废弃物生产的产品，实现了天然原材料、能源、土地等资源的大量节约，同时成功减少了环境污染和温室气体排放。这些产品不仅经济效益突出，而且在性能方面能够满足产品规范的要求。

2. 应用分析

深圳黄木岗立交拆除项目建筑废弃物资源化利用采用了智能化的“五位一体”建筑废弃物高效循环利用技术。该技术包括破碎、分拣、筛分、整形和产品成型五个系统，系统之间高度集成，设备智能化程度高。工作流程如下：先用炮机将立交桥拆除，对废弃物进行破碎处理，再用挖掘机将其倒入移动破碎机中，经过反击式破碎机破碎，筛分出材料粒度为 0 ~ 40mm 的颗粒。颗粒随后通过装载机上料，经移动筛分机筛分出 0 ~ 4.75mm、4.75 ~ 10.00mm、10.00 ~ 31.50mm 三种再生骨料，大于 31.50mm 粒径的颗粒经返料皮带送回移动破碎机再次处理。4.75 ~ 31.50mm 的再生骨料可用于再生骨料高性能混凝土的生产，也可经移动制砂机制成 0 ~ 4.75mm 的再生骨料。再生骨料根据需求分别进入制砂系统、制砖系统、混凝土生产系统等，制成再生产品，也可作为产品暂存待处理。具体流程如图 2-22 所示。

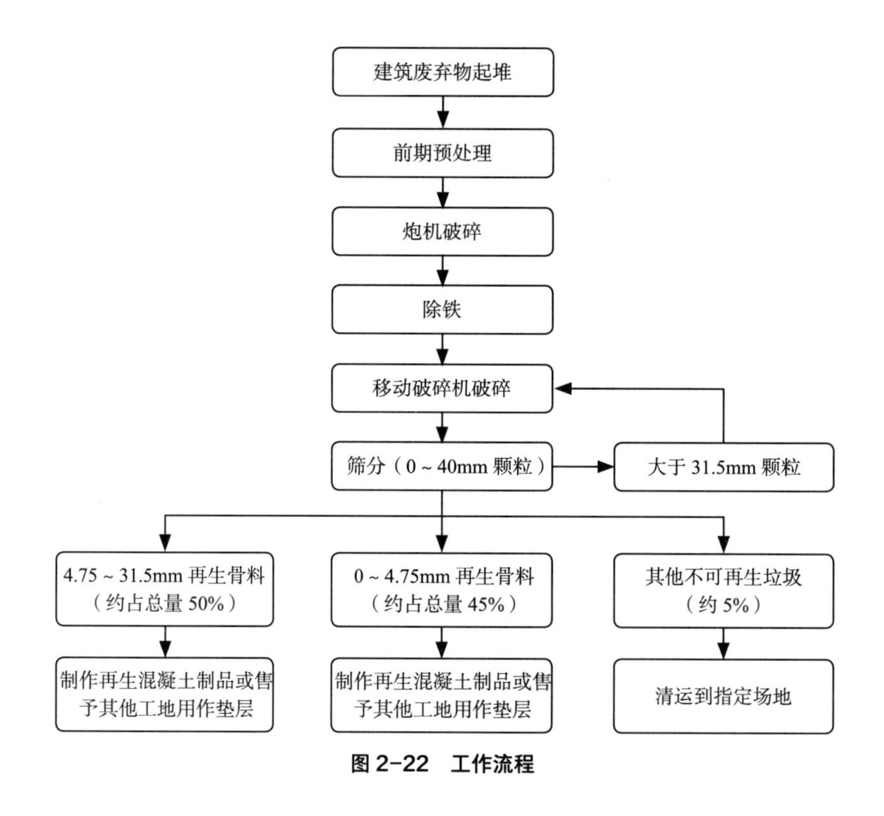

图 2-22　工作流程

2.9.2 生活垃圾

目前，国内能达到现代化大规模生产水平的城市垃圾处理技术主要是焚烧技术、高温堆肥技术、厌氧消化技术和回收利用技术。针对生活垃圾的各种资源化方式总结归纳出其资源化路径。

垃圾焚烧工艺流程如图 2-23 所示。垃圾焚烧技术主要有以下四种：机械炉排焚烧技术、循环流化床焚烧技术、回转窑焚烧技术、气化焚烧技术。

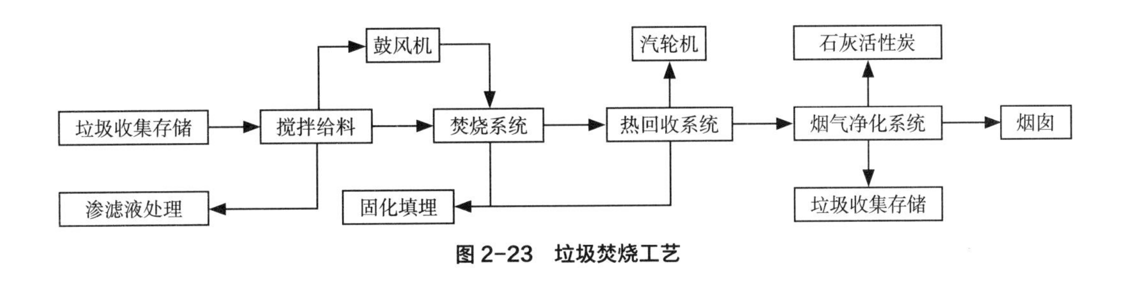

图 2-23 垃圾焚烧工艺

1. 机械炉排焚烧

原理：垃圾进入炉排式焚烧炉后，由于炉排间的相对运动以及垃圾本身的重力作用，垃圾不断翻动并燃烧。根据燃烧状态和不同温度，炉内分为干燥段、燃烧段和燃尽段。垃圾在干燥段快速干燥，干燥介质采用热空气，炉内垃圾燃烧产生的热辐射对垃圾有一定的干燥作用；垃圾干燥后，在炉排的带动下缓慢进入燃烧段，燃烧温度为 900℃左右，可分解有害成分；最后，垃圾在燃尽段完成残余可燃质燃烧燃尽过程。

优点：单台炉的处理量大，适用于大规模集中处理项目；垃圾适应性好；燃烧状态便于控制，飞灰产生量少；设备较成熟；运行成本低，可不掺烧煤炭。缺点：投资成本高，关键部件由耐热合金钢制造，且为各设备厂家自有技术；设备造价高，损耗时更换价格高；占地面积大，热损失大；垃圾热值要求高，垃圾热值偏低时，需投入辅助燃料以维持燃烧。

2. 循环流化床焚烧

原理：循环流化床焚烧流程如图 2-24 所示。生活垃圾经分选、撕碎后，由给料系统送入炉内。在流化风作用下，垃圾在炉内呈流化状态燃烧。根据典型流化床燃烧原理，垃圾在炉膛内呈中心区域上升、四周边壁下降的环核结构运动，形成物料的内循环；小颗粒飞出炉膛进入旋风分离器，在旋风分离器的作用下，较大颗粒分离下来并通过返料器送回炉膛再燃烧，较小颗粒逃逸出去后由尾部布置的除尘器收集下来形成飞灰。由于流化床炉膛内的载热体（床料）可以贮蓄大量的热量，而垃圾量占床料量比例较小，垃圾投入流化床后，炉温不会急剧变化；同时循环流化床锅炉有旋风分离器，此区域温度适宜于 SNCR（选择性非催化还原）脱硝反应，可实现低成本高效脱硝。

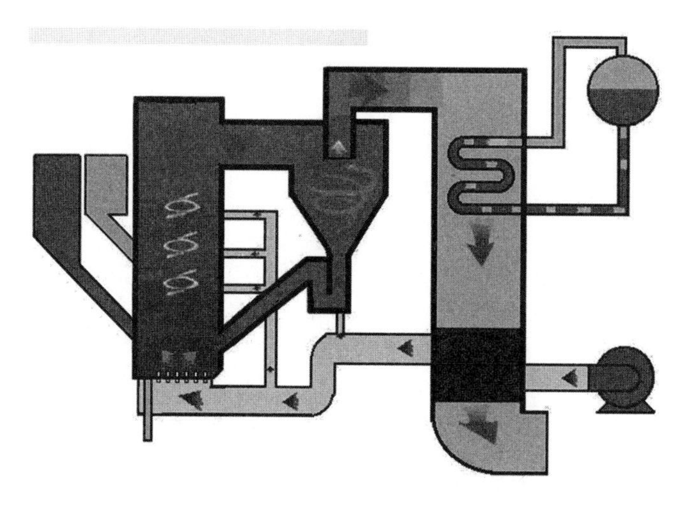

图 2-24　循环流化床焚烧流程

优点：投资、维护费用低；炉膛内高温部分无运动炉排，可靠性高；燃烧强度和传热强度高，体积小，投资省，适用于大型化发展；环保性能好；启停费用更低。缺点：一氧化碳排放浓度高，目前通过炉膛扩容、二次风优化、提高垃圾给料的均匀性等措施，实现一氧化碳排放控制在标准范围内；飞灰量大；掺煤燃烧目前可以实现“零掺煤”；停炉频繁，完善垃圾分选、提高床温、优化排渣及除渣装置等，连续运行时间完全可控。

3. 回转窑焚烧技术

原理：回转窑焚烧技术流程如图 2-25 所示。回转窑炉体为圆柱形，筒体布置相对于水平面略微倾斜，内部布置耐火砖或水冷壁。设备运行时，筒体转动，垃圾进入窑内后随筒体旋转向低端运动，同时在燃料的作用下完成干燥、燃烧过程。因窑内燃烧温度达到 1100℃以上，垃圾中的有害物质在高温条件下与水泥原料一起烧成水泥熟料，不易造成二次污染。

图 2-25　回转窑焚烧技术流程

优点：燃烧温度达 1600℃，可完全分解有害物质；对原料适应性强；处理能力高；有害成分被固化，不会造成二次污染；垃圾可替代部分燃料。缺点：要求垃圾热值较高（10500kJ/kg 以上）；炉渣指标易超标；过量空气系数大；运行费用高；燃烧调节不灵活；燃尽性差；烟气含尘量高。

4. 气化焚烧技术

原理：垃圾气化采用正常焚烧所需要风量的 1/5 ~ 1/3，使垃圾在高温缺氧状态下生成一氧化碳、氢气、甲烷等可燃气体，而后燃烧利用。根据不同的反应条件、生成物、气化炉结构形式等，气化工艺有不同的分类方法。根据反应气氛分为水蒸气气化、氧气气化和空气气化；根据气化炉结构分为回转窑气化、流化床气化和固定床气化；按灰渣状态分为气化焚烧和气化熔融。

优点：环保特性优良，二噁英的排放浓度满足世界范围内最严格的环保排放要求；灰渣无毒无害，可综合利用。缺点：技术适应性差；技术的成熟度和可靠性差；经济性差，技术复杂，投资较高。

由于传统的生活垃圾处置技术在适用性与产品化方面存在局限，一些新兴技术应运而生。

5. 等离子体与气化结合技术

等离子体与气化结合技术是一种处理固体废物的新型技术（图 2-26）。利用热等离子体可以将有机物完全转化为合成气（一氧化碳和氢气）与玻璃体炉渣，其中合成气可用作燃料发电或制氢，产生的玻璃体炉渣可作为催化剂或替代建筑材料，参与陶瓷制造过程。

图 2-26 等离子体与气化技术

6. 高速活性制肥技术

高速活性制肥技术结合了水热法和湿式氧化法的技术特点，快速地将固体废物制成肥料或土壤调理剂。此技术可用于处理餐厨垃圾。微生物电解池技术是将生活垃圾中可生物降解的组分粉碎后形成浆液，经过微生物电解池（MECs）将其转化为氢气、生物燃料和其他增值产品。

2.9.3 农业废弃物

1. 秸秆资源化利用模式

玉米、水稻、大豆、杂粮等作物的秸秆，国内外学者对这些作物秸秆进行了研究，发现五种模式适合这些作物的资源化利用（图 2-27）：第一种是肥料化，使用好氧发酵方法将农业废弃物或其他有机废弃物转化为土壤改良剂。第二种是基质化，指食用菌栽培和作物栽培基质两个方面。第三种是能源化，将农业废物转化为固体形式（成型）或气体形式（沼气）的能源，可作为家用或工业炉的燃料。第四种是饲料化，通过提高消化率和营养价值，将农业废弃物转化为动物食品。第五种是基料化，主要为生产人造板材、纤维复合材料、清洁纸浆、包装材料等方向。

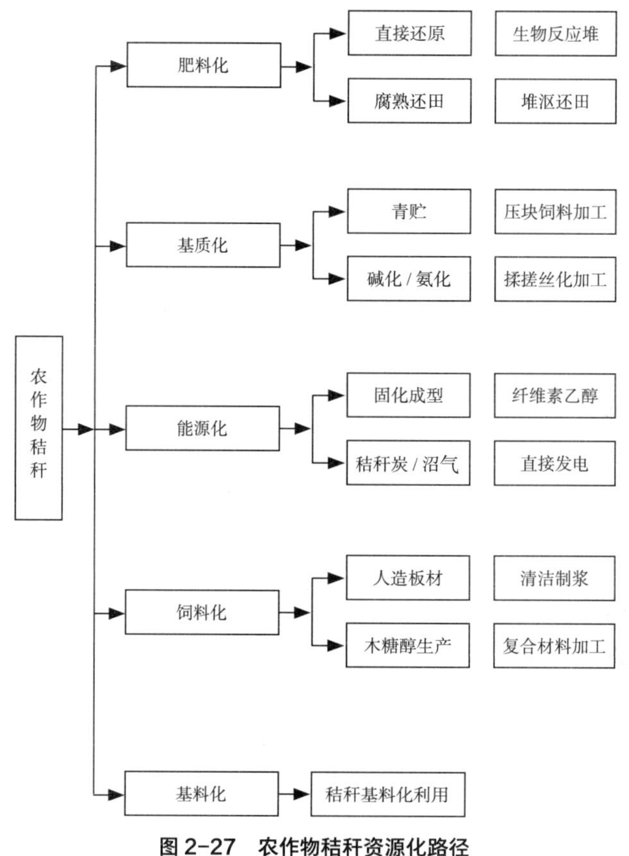

图 2-27　农作物秸秆资源化路径

2. 利用模式

我国是畜牧业大国，地域宽广，气候复杂多样，畜禽养殖业在以散户、个体户向着集约化、规模化发展的过程中，形成了多种的资源化利用方式，主要以肥料化和沼气化为主。在我国南方大部分地区，气候温暖，畜禽粪便资源化利用的方式较多，如生产有机肥料、实行种养结合、处理后达标排放、制成清洁用品等。

刘红艳等发现，在畜禽粪便不同原材料的堆肥过程中，鸡粪堆肥培养微生物数量最多，高温阶段下降的幅度最小；鸡粪堆肥的有机质含量最高为 48.6%；羊粪堆肥的放线菌数量在堆肥过程中的增加幅度最大为 74.8%，有利于堆肥后期木质素的分解。栾润宇以鸡粪和稻草秸秆为原料，发现添加不同钝化剂堆肥后，显著增加了鸡粪有机肥的 pH 值，种子发芽率有所增加（80% 以上），发芽抑制率相应降低，而电导率（EC）、有机碳全氮含量和碳氮比（C/N）均较堆肥前有所降低，各项指标均达到了有机肥腐熟标准。

参考文献

[1] 郭汉丁，张印贤，张海芸 . 核心企业主导下绿色建筑供应链协调发展机制建设与优化 [J]. 建筑经济 2019，40（11）：79-83.

[2] 舒钊，钟珂，肖鑫 . 多孔纳米基复合相变材料在建筑节能中的应用进展 [J]. 化工进展，2021，40（S2）：265-278.

[3] Shehata N，Mohamed O A，Sayed E，et al. Geopolymer concrete as green building materials：Recent applications，sustainable development and circular economy potentials[J]. Science of The Total Environment，2022，836：155577.

[4] Guo F，Wang J，Song Y. Research on high quality development strategy of green building：A full life cycle perspective on recycled building materials[J]. Energy and Buildings，2022，273：112406.

[5] 张军辉，丁乐，张安顺 . 建筑垃圾再生料在路基工程中的应用综述 [J]. 中国公路学报，2021，34（10）：135.

[6] Chen Z，Zheng Z，Li D，et al. Continuous supercritical water oxidation treatment of oil-based drill cuttings using municipal sewage sludge as diluent[J]. Journal of hazardous materials，2020，384：121225.

[7] Ramos A，Berzosa J，Espi J，et al. Life cycle costing for plasma gasification of municipal solid waste：A socio-economic approach[J]. Energy Conversion and Management，2020，209：112508.

[8] 秦旋，李怀全，莫懿懿 . 基于 SNA 视角的绿色建筑项目风险网络构建与评价研究 [J]. 土木工程学报，2017，50（2）：119-131.

[9] 陶祥令，刘辉，程雷 . 植被生态混凝土制备工艺研究进展 [J]. 材料导报，2016，30（13）：152-158.

[10] 刘方舒，方民宪，杨承斌 . 生态水泥的研究进展 [J]. 材料导报，2012，26（S2）：335-337.

[11] 曹茂庆 . 绿色建筑与电磁屏蔽材料 [J]. 表面技术，2020，49（2）：1-11.

[12] 邓绍云 . 国内植生混凝土研究现状与展望 [J]. 材料导报，2018，32（S2）：457-459.

[13] 曾志军，徐文，谢德擎，等 . 机场拦阻系统泡沫混凝土海水侵蚀性能劣化规律 [J]. 交通运输工程学报，2021，21（2）：56-65.

[14]　刘婉婉，马昆林，张传芹 . 透水混凝土对城市雨水径流中污染物净化原理的研究进展 [J]. 材料导报，2019，33（S2）：293-299.

[15]　杨伟军，张婷婷，朱检 . 新型现浇自保温墙体材料的力学性能试验研究 [J]. 混凝土，2014，9：156-160.

[16]　徐明，张润芳 . 我国秸秆纤维基环保节能墙体材料的研究与应用进展 [J]. 材料导报，2012，26（S2）：298-302.

[17]　高建卫 . 我国建筑保温技术进展及存在问题分析 [J]. 材料导报，2013，27（S1）：276-280+284.

[18]　李恒，郭庆军，王家滨 . 再生混凝土界面结构及耐久性综述 [J]. 材料导报，2020，34（13）：13050-13057.

[19]　张大旺，王栋民 . 地质聚合物混凝土研究现状 [J]. 材料导报，2018，32（9）：1519-1527+1540.

[20]　Patil M，Boraste S，Minde P. A comprehensive review on emerging trends in smart green building technologies and sustainable materials[J]. Materials Today：Proceedings，2022，65（2）：1813-1822.

[21]　Yin S，Li B，Xing Z. The governance mechanism of the building material industry（BMI）in transformation to green BMI：The perspective of green building[J]. Science of The Total Environment，2019，677：19-33.

[22]　Khan S，Maheshwari N，Aglave G. Experimental design of green concrete and assessing its suitability as a sustainable building material[J]. Materials Today：Proceedings. 2020，26（2）：1126-1130.

[23]　Akomea-Frimpong I，Kukah A，Jin X. Green finance for green buildings：A systematic review and conceptual foundation[J]. Journal of Cleaner Production，2022，356：131869.

[24]　Habert G，Lacaillerie J，Roussel N. An environmental evaluation of geopolymer based concrete production：Reviewing current research trends[J]. Journal of Cleaner Production，2011，19（11）：1229.

[25]　Turner L K，Collins F G. Carbon dioxide equivalent（CO_2-e）emissions：A comparison between geopolymer and OPC cement concrete[J]. Construction and Building Materials，2013，43（6）：125.

[26]　王家庆，吴健生，黄凯健 . 生态混凝土绿色护坡的植生性与耐久性 [J]. 土木与环境工程学报（中英文），2023，45（4）：29-40.

[27]　黄凯健，王俊彦，陆佳慧 . 新型大孔隙护坡生态混凝土力学性能研究 [J]. 混凝土，2016，6：80-83.

[28]　任晓景，杨义，陈平 . 利用助磨剂和早强剂制备低熟料生态水泥 [J]. 水泥工程，

2013，3：17-19.

[29] 惠洋，刘荣桂，徐荣进 . 干湿循环下透水型生态混凝土硫酸盐侵蚀试验研究 [J]. 混凝土与水泥制品，2020，2：19-23.

[30] 陈龙，陈栋，刘荣桂 . 掺水滑石生态混凝土物理力学及水质净化性能研究 [J]. 硅酸盐通报，2019，38（3）：834-840.

[31] 郝哲昕，钱春香，周横一 . 清水混凝土外观质量信息采集与分析方法及其工程应用 [J]. 材料导报，2020，34（S2）：1233-1241.

[32] 刘婉婉，马昆林，张传芹 . 透水混凝土对城市雨水径流中污染物净化原理的研究进展 [J]. 材料导报，2019，33（S2）：293-299.

[33] 杨伟军，张婷婷，朱检 . 新型现浇自保温墙体材料的力学性能试验研究 [J]. 混凝土，2014，9：156-160.

[34] 李琳 . 新型墙体材料在建筑节能设计中的运用 [J]. 材料保护，2020，53（9）：181.

[35] 窦国举，訾建涛，黄莉媛 . 建筑保温与结构一体化综合施工技术 [J]. 建筑结构，2020，50（S1）：631-633.

[36] 王家滨，侯泽宇，张凯峰 . 多元胶凝材料体系再生混凝土力学性能试验研究 [J]. 材料导报，2022，36（12）：97-104.

[37] 张大旺，王栋民 . 地质聚合物混凝土研究现状 [J]. 材料导报，2018，32（9）：1519-1527，1540.

[38] 杜吉玉，杜宁，吴宁晶 . 磷系阻燃剂的微胶囊化及其在聚合物中的应用研究进展 [J]. 高分子材料科学与工程，2017，33（1）：173-178.

[39] 喻江武，苟志龙，雷瑜 . 基于傅里叶逆变换的土石混合体模型生成研究 [J]. 水利水电技术，2019，50（4）：7-15.

[40] 王凤丽，胡奇杰，王东旭 . 磺化聚苯乙烯纳米纤维作为金刚烷胺固相萃取介质的研究 [J]. 分析试验室，2021，40（8）：937-941.

[41] Ranjbar N，Balali A，Valipour A. Investigating the environmental impact of reinforced-concrete and structural-steel frames on sustainability criteria in green buildings[J]. Journal of Building Engineering，2021，43：103184.

[42] Elnaklah R，Walker I，Natarajan S. Moving to a green building：Indoor environment quality，thermal comfort and health[J]. Building and Environment，2021，191：107592.

[43] He L，Chen L. The incentive effects of different government subsidy policies on green buildings[J]. Renewable and Sustainable Energy Reviews，2021，135：110123.

[44] Boquera L，Olacia E，Fabiani C. Thermo-acoustic and mechanical characterization of novel bio-based plasters：The valorisation of lignin as by-product from biomass extraction for green building applications[J].Construction and Building Materials，2021，278：122373.

[45] 蔡刚 . 深圳市黄木岗立交拆除项目建筑废弃物的资源化利用 [J]. 城市建筑，2021，18（23）：173-175.

[46] 颜蓓蓓，杨学忠，侯林桐 . 村镇生活垃圾热解处理技术综述 [J]. 中国环境科学，2022，42（8）：3755-3769.

[47] 刘红艳，美化，王昌梅 . 鸡粪与芦苇秸秆混合厌氧消化特性研究 [J]. 云南师范大学学报（自然科学版），2020，40（3）：4-8.

[48] 栾润宇，徐应明，高珊 . 不同发酵方式对鸡粪重金属及有机质影响 [J]. 中国环境科学，2020，40（8）：3486-3494.

第3章
建筑材料的（超）高性能化

在土木工程建设过程中，建筑材料性能对于实现建筑功能具有举足轻重的作用。近年来，随着科技的发展和时代的不断进步，传统的建筑材料不能完全满足建筑（超）高性能化提出的新需求和新挑战。与之相比，（超）高性能建筑材料能够有效适应各种建筑结构与建筑施工环境，且具有一定的环保性，这与现阶段广泛提倡的绿色建筑理念相适应，并推动了现代建筑结构的发展。

为了研究建筑材料的（超）高性能化，本章分别从高性能水泥、（超）高性能混凝土、高性能钢材和高性能木材四个大类进行介绍，并对各种建筑材料的性能特点、发展趋势、应用现状等进行详细分析。

3.1 高性能水泥

水泥是人居环境建设中最为重要的建筑材料，随着我国现代化建设的发展和城市建设的不断加快，对水泥与混凝土的性能提出更高的要求：施工性更好、水化热更低、强度更高、体积更稳定、耐腐蚀性和耐久性更好。为了满足高层建筑及特殊结构建设的需要，高性能水泥技术得到了快速发展。

高性能水泥是由一定配合比组成的水泥熟料、石膏和矿物外加剂粉磨后获得的水泥。由这种水泥配制的混凝土，具有更好的工作性、力学性能和耐久性能。

3.1.1 熟料矿物匹配与水泥熟料体系

1. 具有水硬性的熟料矿物

水泥生料在窑内受热过程中发生一系列物理和化学变化，如游离水的蒸发、黏土脱去结晶水、碳酸钙分解成氧化钙。到目前已有研究成果发现，具有水硬性的水泥熟料矿物主要有如下几种：硅酸盐矿物：C_3S（Alite），C_2S（Belite）；铝酸盐矿物：C_3A，CA，CA_2，$C_{12}A_7$；铁铝酸盐固溶体：C_4AF；含氟硫的铁铝酸盐：C_4A_3S，$C_{11}A_7 \cdot CaF_2$。当前生产的水泥熟料主要是以上矿物的组合，组合的原则是利用各个矿物的性能互补和协调，使匹配所得水泥熟料具有良好的胶凝性或某种特性，同时还要保证生料具有良好的易烧性。

C_3S 和 C_2S 是硅酸盐水泥的主导矿物，一般认为 C_3S 水化快，具有较高的早期强度，且耐磨性好、干缩性小，但 C_3S 的水化热及放热速率较大，仅次于 C_3A，这对大体积混凝土的施工是不利的。

C_2S 水化慢，约是 C_3S 的 1/20。其优点是水化热低，抗水性好，后期强度高，在一年之后可以赶上 C_3S。此外，C_2S 干缩性最小，是低需水性水泥的主要矿物。

铁铝相在硅酸盐水泥熟料中主要是 C_3A 和 C_4AF，这两个矿物对熟料的早强、耐久性有着重要影响。C_3A 水化热大且集中，水化后通过层间水的蒸发以及形成的水化产物在转型过程中随着体积的缩小而产生较大的收缩。此外，C_3A 水化需水量较大，对水泥拌合物的流动性不利，C_3A 含量高，导致水泥石的抗硫酸盐侵蚀性能差。

C_4AF 耐磨性好，远比 C_3S 显著。C_4AF 与 C_3A 相比不仅有较高的早期强度，而且后期强度还能有所增长，对抗折强度的贡献远大于抗压强度，即脆性系数低。C_4AF 另一个重要作用是生成凝胶状铁酸盐，使水泥石有较大的变形能力，但 C_4AF 含量过高对熟料煅烧和水泥粉磨会造成很大的困难。

氟硫铁铝相 C_4A_3S，$C_{11}A_7 \cdot CaF_2$ 水化速率特别快，在石膏存在下，水化过程生成钙矾石赋予水泥早强或膨胀性能。以 C_4A_3S 为主导的硫铝酸盐水泥可作为膨胀水泥、自应力水泥和膨胀剂使用，以 $C_{11}A_7 \cdot CaF_2$ 为主导矿物的氟铝酸盐熟料则是双快、抢修和型砂水泥的基础。

2. 高钙硅酸盐水泥熟料的矿物匹配

硅酸盐水泥熟料中 C_3S 通常不超过 65%，一般新型干法回转窑 *KH* 值（石灰饱和系数）控制在 0.89 ~ 0.92。一般而言，熟料的强度随 C_3S 含量的提高而提高，如能解决高钙熟料体系的易烧性问题，提高熟料中的 C_3S 含量是生产高胶凝性熟料最有效、最便捷的途径。德国学者莫泽特（Motzet H）等人研究了 *LSF*（李和派克石灰饱和系数）在 100 左右的工业熟料，利用 Bogue 计算法、反光显微镜面积法、XRD、XRF、SEM 荧光等手段分析了熟料矿物组成，发现在 *LSF*=100 甚至超过 100 时，熟料中仍有 C_2S 存在。这说明通过合理匹配矿物，控制好液相量和液相黏度，深入认识熟料矿物特别是 C_3S 的形成动力学，高钙熟料的易烧性可以在一定程度上得到改善。

3. 低钙硅酸盐水泥熟料的矿物匹配

考虑到 C_2S 水化较慢，水化热低、水化产物的钙硅较低、$Ca(OH)_2$ 较少等特点，国内外学者先后提出过很多以 C_2S 为核心的矿物，对 C_2S 采取不同的活化措施，匹配不同的高活性矿物的熟料体系，如波色尔（Pusel）水泥、节能水泥（Energy-Save Cement）、自粉化水泥、高贝利特水泥（HBC）等。虽然各自的研究出发点不同，但有一个共同点就是，都在熟料体系中引入了无水硫铝酸钙（C_4A_3S），弥补 C_2S 早期强度偏低的缺陷。

3.1.2 高阿利特水泥

阿利特，又称A矿，是含少量氧化镁、氧化铝、氧化铁等的硅酸三钙固溶体。它是硅酸盐水泥的主要矿物，约占50%，有时甚至高达70%以上。A矿是使水泥水化后获得高机械强度，特别是早期强度的最主要矿物。

1. 阿利特的多晶转变

研究表明C_3S存在3种晶系的7种晶型，即三斜晶系（T_1、T_2、T_3）、单斜晶系（M_1、M_2、M_3）和三方晶系（R）。它们之间的多晶转变和转变温度如图3-1所示。

$$T_1 \overset{620\ ℃}{\Leftrightarrow} T_2 \overset{920\ ℃}{\Leftrightarrow} T_3 \overset{980\ ℃}{\Leftrightarrow} M_1 \overset{990\ ℃}{\Leftrightarrow} M_2 \overset{1060\ ℃}{\Leftrightarrow} M_3 \overset{1070\ ℃}{\Leftrightarrow} R$$

图3-1　C_3S多晶转变及转变温度图

纯C_3S在室温的稳定相是T_1型，在C_3S中引入不同杂质离子，则其他晶型可在室温下稳定存在。熟料中阿利特晶型一般是M_1和M_3型，影响阿利特相组成（M_1和M_3的比例）的主要因素是阿利特在从液相中结晶时固溶杂质的种类和数量。

2. 硅酸三钙微结构调控

阿利特两种生长模式为：稳定生长模式和不稳定生长模式。在这两种不同的模式下形成的阿利特微观形貌有很大不同。不稳定模式下不均匀生长的阿利特以很快的速率长大，带有大量的包裹体，晶粒尺寸大，形状不规则，其中固溶有较多的杂质及Al_2O_3和Fe_2O_3，主要是M_1型。在稳定模式下长大的阿利特，晶体中少见包裹体，杂质固溶量相对较少，主要是M_3型。

由于其形成依托液相，因此微量组分对C_3S晶型的影响主要是通过改变液相的物理、化学性质及C_2S和CaO的溶解度来实现。

范基骏发现1.4%（质量百分数）MgO可改善硅酸盐相晶体结构，提高水泥强度。一路真辉和加藤克利用X射线衍射、差热分析和在光学显微镜下观察晶体的双折射率，研究了含有不同MgO的C_3S固溶体的多晶转变，指出随C_3S中MgO含量的增大，在室温下可得到M_3及M_1等晶型。卡泰尔（Katyal N. K.）指出2%和4%的BaO可分别稳定T型和M型C_3S。李贵强认为对于$(3-x)CaO\cdot xSrO\cdot SiO_2$固溶体，当$x>0.025$时，$C_3S$晶型开始由T型转变为M型，掺入1.5%$SrSO_4$甚至可以得到R-$C_3S$。管宗甫研究指出当$C_3S$中的$P_2O_5$和$CaF_2$固溶量分别为0.4%和1%时，阿利特为$M_1$型；当$CaF_2$掺量提高到2.0%时，阿利特为R型。

与微量组分的单掺作用相比，多种微量组分的复合作用更容易稳定C_3S的高温晶型。任雪红指出了多种离子共存使C_3S稳定为M_3型，P^{5+}可以稳定R型C_3S。斯蒂芬

（Stephan D）系统研究了 MgO 等氧化物对 C_3S 晶体结构和水化活性的影响，指出 Mg^{2+} 对阿利特的结构影响最大。一些微量组分虽然未能改变 C_3S 的晶型种类，但可以在不同程度上影响 C_3S 的形成和熟料性质，这是通过影响 CaO 和 C_2S 在液相中的溶解度实现的。

3. 制备方法

高阿利特水泥制备工艺如图 3-2 所示，提高水泥熟料中 C_3S 的含量无疑会使熟料的易烧性变差，导致烧成温度的提高或烧成时间增长，而高阿利特水泥的矿物组成设计前提是熟料中阿利特质量含量大于 70%，故需要调整其他三种矿物在其余的范围内，找出易烧性最好的匹配范围。生产中控制矿物匹配关系用石灰饱和系数（*KH* 或 *LSF*）、硅率（*SM*）、铝率（*IM*）进行。计算公式如下：

$$KH=\frac{CaO-1.65Al_2O_3-0.35Fe_2O_3-0.70SO_3}{2.8SiO_2} \tag{3-1}$$

$$LSF=\frac{CaO}{2.8SiO_2+1.18Al_2O_3+0.65Fe_2O_3} \tag{3-2}$$

$$SM=\frac{SiO_2}{Al_2O_3+Fe_2O_3} \tag{3-3}$$

$$IM=\frac{Al_2O_3}{Fe_2O_3} \tag{3-4}$$

考虑到熟料的易烧性和胶凝性，硅酸盐熟料四大矿物应有一个良好的配合比。当 C_3S 提高到 70% 左右，即在较高的 *KH* 条件下，*SM*、*IM* 必须精心选择，优化设计，既要考虑较高的各龄期强度，又要使熟料有较好的易烧性。

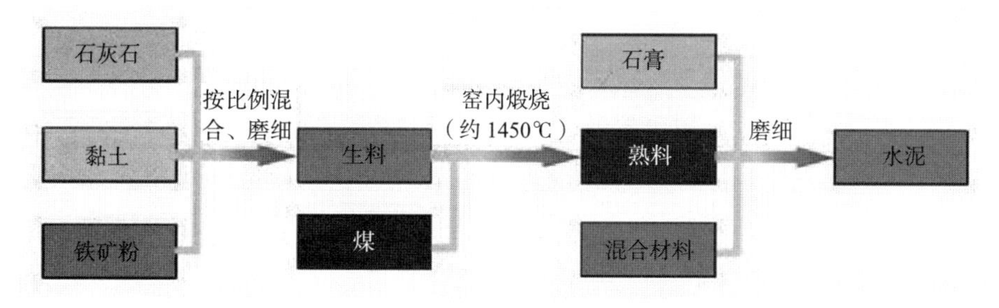

图 3-2　高阿利特水泥制备工艺

4. 性能特点

高阿利特水泥熟料和普通硅酸盐水泥熟料（对比样）在相同的煅烧温度（1400℃）和煅烧时间（120min）下制得，熟料的 f-CaO 含量小于等于 2.0%。

（1）物理性能

高阿利特水泥熟料和对比样的物理性能检测数据见表 3-1。

两种熟料物理性能检测结果　　表 3-1

编号	比表面积 / m^2/kg	标准稠度用水量 /%	凝结时间 /h：min		抗折强度 /MPa			抗压强度 /MPa		
			初凝	终凝	3d	7d	28d	3d	7d	28d
A	330	22	2：05	4：14	7.8	8.5	8.7	42.8	56.4	65.8
B	325	25	3：50	5：05	5.7	7.9	8.8	31.9	49.7	62.4

物理性能检测结果说明，高阿利特水泥熟料的凝结时间小于对比样，其凝结时间范围符合国家标准。从强度指标来看，高阿利特水泥熟料的 3d 抗压强度比对比样高 10.9MPa，28d 抗压强度比对比样高 3.4MPa。这表明，这种配合比的高阿利特水泥熟料具有凝结快、早期强度发展迅速的特点。

（2）易磨性

将 50g 熟料在振动磨中粉磨不同时间，测定其勃氏比表面积。图 3-3 是两种熟料的比表面积与粉磨时间的关系曲线。

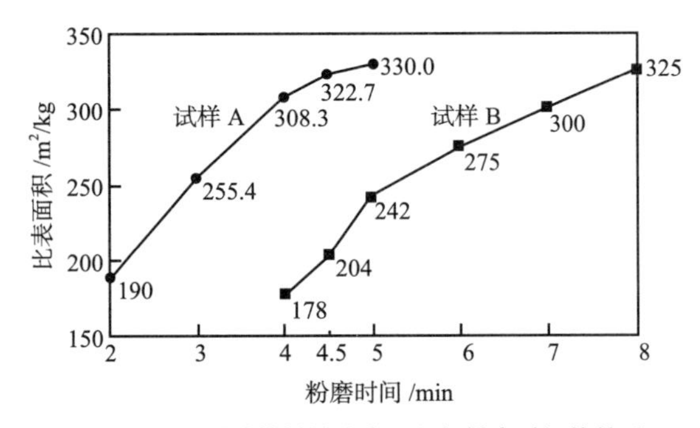

图 3-3　两种熟料的比表面积与粉磨时间的关系

根据两种熟料比表面积与粉磨时间的关系可知，高阿利特水泥熟料粉磨 4.5min，其比表面积可以达到 322.7m^2/kg，而对比样粉磨 8min 后，其比表面积达到 325m^2/kg。这说明，在两种熟料都粉磨到比表面积约 320m^2/kg 的条件下，高阿利特水泥熟料的粉磨时间比对比样缩短了 3.5min。也就是说，与普通配合比的硅酸盐水泥熟料相比，高阿利特水泥熟料的粉磨效率提高 40% 以上。

3.1.3　高贝利特水泥

贝利特，又称 B 矿，是含有少量氧化铝、氧化铁、氧化钠、氧化镁、氧化钾等氧化物的硅酸二钙固溶体。高贝利特水泥生产过程能耗较少，C_2S 形成所需的温度较低，所需的能量也较少，因此提高水泥中 C_2S 配合比是减少能源消耗的有效途径。另外，高贝利特水泥耐久性较好，与传统硅酸盐水泥混凝土相比，高贝利特水泥混凝土干燥收缩小且具有较好的抗冻融和抗渗性。

1. 贝利特的多晶转变

贝利特（即 C_2S 的固溶体）在不同温度下存在五种类型的多晶转变体，即 α-C_2S、α'_H-C_2S、α'_L-C_2S、β-C_2S 和 γ-C_2S 五种晶型。

纯硅酸二钙在 1450℃以下进行多晶转变，如图 3-4 所示。常温下，对纯 C_2S 而言，高温晶型 α-C_2S、α'_H-C_2S 及 β-C_2S 都不能稳定存在，有向 γ-C_2S 转化的趋势。β-C_2S 转变为 γ-C_2S 时体积可增大 11%，β-C_2S 晶体由于受到的张应力过大，导致晶体表面形成大量裂缝，因此熟料常常粉化。同时发现 γ-C_2S 晶胞中留有较大的空腔，结构较为疏松，水泥强度较低。不同晶型的 C_2S 水化活性呈现出下列的顺序：α-C_2S ＞ α'_H-C_2S ＞ β-C_2S ＞ α'_L-C_2S，而 γ-C_2S 几乎没有水化活性。

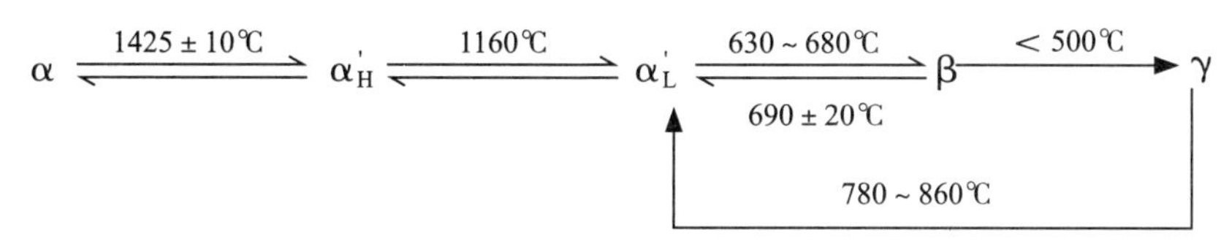

图 3-4　C_2S 的多晶转变图

2. 硅酸二钙微结构调控

在水泥熟料烧成过程中，引入少量 BaO 或 SrO 可以促使贝利特矿相由 β 晶型向 α 和 α′ 高活性晶型转变，并主要固溶于贝利特和液相中。SO_4^{2-}取代贝利特结构中的 SO_4^{4-}后，可使贝利特矿相微结构产生畸变，并有利于其他异离子共同参与活化 C_2S 晶格，提高其水化活性；福田浩一郎指出了 P_2O_5 固溶进 C_2S 可以稳定 α'-C_2S。李艳君指出 Cr^{3+} 和 Mg^{2+} 主要固溶在贝利特中，并使其稳定为 α-C_2S 及 α'-C_2S 且 Cr^{3+} 在合适掺量下可以增加 Mg^{2+} 在 C_2S 中的固溶量。

在硅酸盐水泥熟料中，Ba^{2+} 主要固溶在贝利特中，在阿利特中只是微量固溶，而在 C_4AF 中不能固溶。王政进一步研究表明，Ba^{2+} 在 C_2S 中固溶时取代 Ca^{2+}，$BaSO_4$ 的引入使得 C_2S 晶面间距增大，水化活性提高。Ba^{2+} 可改善 C_2S 的晶体结构。有资料表明，MgO 在掺量不超过 2.5% 时，会促进水泥各矿物的形成。李好新研究了较高 MgO 掺量对 C_2S 的影响，发现它的引入可降低 f-CaO 含量、$CaCO_3$ 的分解温度及 C_2S 形成的初始温度。

3. 制备工艺

与普通硅酸盐水泥、普通硫铝酸盐水泥类似，高贝利硫铝酸盐水泥的制备依然遵循“两磨一烧”的工艺流程（图 3-5），但煅烧制度有所改变，相比于普通硅酸盐水泥，高贝利特硫铝酸盐水泥的煅烧温度要低 100 ~ 200℃，具有显著的节能效果。

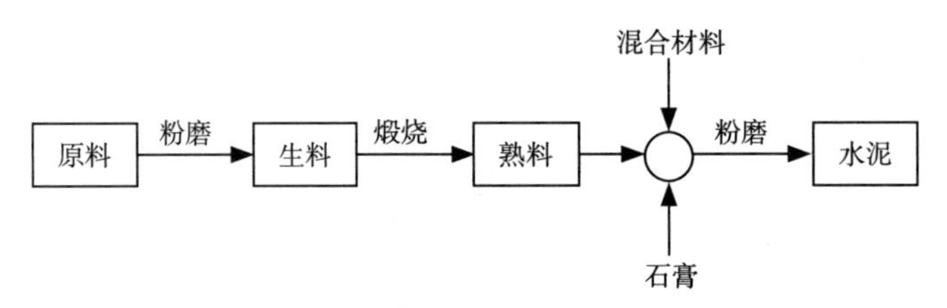

图 3-5　高贝利特水泥制备工艺

4. 性能特点

（1）工作性

高贝利特水泥（HBC）与传统硅酸盐水泥相比具有较低的需水量，前者一般在 21.5% ~ 24.0% 之间，而后者多在 24.0% ~ 27.5% 之间，从而预示着高贝利特水泥具有更好的工作性。HBC 胶砂流动度一般在 130 ~ 140mm，复合硅酸盐水泥（PC）大多在 120 ~ 130mm 之间，说明 HBC 具有更好的工作性。HBC 良好的工作性还表现在它对混凝土外加剂具有更好的适应性，如表 3-2 所示，掺加普通减水剂时，HBC 的净浆流动度比传统硅酸盐水泥提高 10%，而掺高效减水剂时提高幅度更大，可达到 40% ~ 60%。

掺不同外加剂时水泥净浆流动性　　表 3-2

外加剂品种	掺量 /%	水灰比	净浆流动度 /mm	
减水剂 CLS	0.2	0.35	174	192
减水剂 UNF-5	0.7	0.29	172	270
减水剂 JFL	0.7	0.29	178	250
减水剂 PDN	0.7	0.29	108	181

（2）力学性能

HBC 与 PC 的基本物理性能对比见表 3-3。由表可知，HBC 早期（1 ~ 7d）抗压强度相对较低，但后期强度增长率大，28d 强度即达到与 PC 相当的水平，且此后强度的发展保持较高的增长幅度。3 个月龄期时，HBC 抗压强度比 PC 高 10MPa；6 个月至 1 年龄期时二者抗压强度差值在 15MPa 以上。此外，HBC 强度性能优于 PC 的一个显著特征是：HBC 具有更高的抗折强度。

高贝利特水泥与复合硅酸盐水泥的基本物理性能比较 表 3-3

试样	抗折 / 抗压强度 /MPa					
	3d	7d	28d	3m	6m	12m
高贝利特水泥	4.4/20.5	5.9/30.7	8.6/59.8	10.5/80.6	11.0/87.9	11.1/90.9
复合硅酸盐水泥	6.4/38.4	7.6/51.3	8.3/61.5	9.0/69.6	9.6/70.3	9.4/74.5

（3）耐久性

①抗渗及抗侵蚀性能

由于 C_2S 水化过程缓慢，生成了致密的 C-S-H 凝胶结构，有利于其抗渗性提高。隋同波等人的研究数据表明，HBC 混凝土抗渗性能略优于 PC 混凝土，并且还具有优良的抗氯离子渗透能力，这对于防止混凝土中钢筋受侵蚀具有重要意义。

除了受到氯离子侵蚀外，HBC 与 PC 两种不同水泥在不同龄期、不同侵蚀介质中分别产生了不同的作用效果。

HBC 的耐蚀系数均高于 PC，特别是 HBC 抗硫酸盐侵蚀系数比硅酸盐水泥高近一倍。研究结果表明，HBC 比传统硅酸盐水泥具有更好的抗化学侵蚀能力，如表 3-4 所示，高贝利特水泥在 w（Na_2SO_4）=3% 溶液中养护 180d，其耐蚀系数仍能保持在 1.00，而传统硅酸盐水泥在同等条件下则低于 0.60，证明 HBC 具有更优异的抗硫酸盐侵蚀性能。由此可以看出，HBC 混凝土可以广泛应用在大坝及海工混凝土中。

高贝利特水泥及传统硅酸盐水泥的抗化学侵蚀性能对比 表 3-4

编号	化学耐腐蚀系数（1cm × 1cm × 4cm）								
	海水			w（Na_2SO_4）=3%			w（$MgCl_2$）=5%		
	28d	91d	180d	28d	91d	180d	28d	91d	180d
复合硅酸盐水泥	0.90	0.73	0.80	0.98	0.56	0.59	0.78	0.79	0.84
高贝利特水泥	0.94	0.81	085	1.16	1.08	1.07	0.84	0.91	0.86

②抗碳化性能

碳化不仅会影响混凝土强度，还会引起混凝土收缩并减少混凝土对内部钢筋的保护。试验表明，HBC 混凝土和 PC 混凝土有同样优良的抗碳化能力。

③体积稳定性

混凝土的干缩变形对混凝土的危害较大，当收缩受到约束时，往往会引起混凝土开裂，从而降低混凝土的抗渗性、抗冻性和抗化学侵蚀性等耐久性。一般来说，HBC 干缩率低于 PC，各龄期干缩率仅为 PC 的 50% ~ 70%。而且 HBC 干缩稳定性较短，28d 后干缩率基本无变化。这表明 HBC 具有优于 PC 的抗干缩性能。

3.1.4 性能对比

高阿利特水泥早期强度高、凝结时间快，能够提高水泥的强度性能，用较少的水泥达到较高强度的使用效果，可用于高层建筑、高等级公路、机场桥梁与隧道等大型基础建设工程，使生产周期大大缩短，具有很好的市场应用前景。但以阿利特为主导矿物的硅酸盐水泥熟料烧成温度较高，一般在1450℃左右。此外，高钙矿物设计在生产工艺方面还导致了优质石灰石资源的过多消耗，以及温室气体CO_2和有害气体SO_2、NO_x（氮氧化合物）等的大量排放，从而加剧了水泥工业的资源、能源消耗以及环境负荷。

高贝利特水泥具有水化热低，后期强度高，耐久性能好等优点，采用高贝利特水泥能够实现减少能源消耗，降低CO_2排放量的效果。但高贝利特水泥的早期强度仍赶不上以C_3S为主要矿物的通常水泥，因此，该体系水泥熟料在目前只是作为特性水泥使用，还不能大规模代替高钙水泥熟料体系。

3.1.5 应用分析

1. 上海中心大厦

上海中心大厦采用高阿利特水泥制备高强混凝土，充分发挥强度高的特点，是一座巨型高层地标式摩天大楼，如图3-6所示。

图3-6 上海中心大厦

2. 上海环球金融中心

上海环球金融中心楼高492m，采用高阿利特水泥制备高强自密实混凝土，满足超高层建筑的建造需要，如图3-7所示。

图 3-7　上海环球金融中心

3. 三峡工程

三峡大坝采用高贝利特水泥制备大坝混凝土，充分发挥了低水化热、低碱度、低需水量、后期强度增长率大等特点，是当今世界最大的水力发电工程，如图 3-8 所示。

4. 首都国际机场

北京首都国际机场采用高贝利特水泥制备大体积混凝土，解决了温度应力而导致的开裂问题，是中国三大门户复合枢纽机场之一，如图 3-9 所示。

图 3-8　三峡大坝工程

图 3-9　首都国际机场

3.2 （超）高性能混凝土

随着社会经济的高速发展，混凝土的需求量不断增加，更为重要的是，建筑形式的变化对其性能要求更为严格，其中包括混凝土的强度、耐火性、耐久性和抗爆性等。（超）高性能混凝土继而产生，并且快速发展起来，作为建筑工程中的常见材料，因其具备较好的物理化学性质而被广泛应用。

与普通混凝土相比，高性能混凝土（High Performance Concrete，简称 HPC）以耐久性作为设计的主要指标，针对不同的用途要求，对下列性能重点予以保证：耐久性、工作性、适用性、强度、体积稳定性和经济性。

超高性能混凝土（Ultra-High Performance Concrete，简称 UHPC）是最先进的水泥基材料之一，具有优异的力学和耐久性能，如超高抗压强度、高韧性、高抗冲击性、抗氯离子渗透性和抗冻融性，已广泛应用于工程结构中。

“超高性能”表达的是混凝土（或水泥基复合材料）同时具备“超高强”、“高韧性”和“高耐久性”等优良性能，与“高性能混凝土”内涵范围不同。因此，UHPC 并不是 HPC 的延伸或高强化，而是具有新本构关系和结构寿命的水泥基工程材料。

3.2.1 活性粉末混凝土

活性粉末混凝土(Reactive Powder Concrete，简称 RPC)是 UHPC 中的一个产品名称，是一种具有强度高、耐久性好以及高延性的水泥基复合材料。

活性粉末混凝土材料采用 0.5mm 左右的石英砂作为粗骨料，添加粒径为 0.1μm ~ 1mm 的水泥和硅粉，同时掺入微钢纤维制备而成。

活性粉末混凝土在组成上与普通混凝土不同之处在于去除了粗骨料，从而消除了混凝土中最薄弱的部分：其中一个特点是骨料与硬化胶凝材料之间高孔隙率的过渡区，提高了混凝土的整体密实性，使之具有很高的强度。另一个特点是使用高强度的微细钢纤维，大大增加了活性粉末混凝土的抗折强度和韧性，提高了其断裂能。

1. 配制原理

活性粉末混凝土的基本设计思想是：通过提高材料组分的细度与活性，减少材料内部的缺陷（孔隙与微裂缝），获得超高强度与高耐久性。根据这个原理，RPC 所采用的原材料平均颗粒尺寸在 0.1 ~ 1.0mm 之间，目的是尽量减小混凝土中的孔隙率，从而提高拌合物的密实度。

在材料选择上主要包括以下几种：细石英砂，水泥，石英粉，硅灰，高效减水剂，对韧性有要求时还需掺入钢纤维。

2. 技术途径

活性粉末混凝土材料的制备和性能，主要有以下几个特点：

（1）选用较细的石英砂代替粗骨料，使骨料与砂浆之间的过渡区减小，提高体系的匀质性，进而改善材料的力学性能。

（2）优化原材料的粒径级配，使较细粒径的材料包含在粗粒径的孔隙中，填充结构体系内部的空隙，降低结构内部孔隙率，使材料的初始缺陷下降到较低水平。

（3）在材料成型和凝结的过程中对材料施加压力，排出材料因化学收缩产生的气体，同时挤出体系内多余水分。

（4）材料凝结后，在 90℃的温度下对其进行加热养护或进行 250 ~ 400℃的蒸汽养护。通过采用热养护的方式，促进活性粉末混凝土材料的水化反应，进而改善内部的微观结构；通过采用蒸汽养护的方式，可以使水化产物 C-S-H 凝胶体快速脱水结晶，大幅提高材料强度。

（5）加入钢纤维，钢纤维能够抑制裂缝的产生和发展，提高材料的抗拉极限强度和韧性性能。

3. 特性特点

（1）强度和韧性

RPC 的显著特点是高强度、高韧性和高耐久性。RPC 抗压强度可达到 200MPa 甚至更高（加压及高温养护，采用 3mm 的超短钢纤维后抗压强度可达到 800MPa），是高性能混凝土的 2 ~ 3 倍；抗拉强度达到 50MPa 左右，是高性能混凝土的 5 倍。弹性模量达到 50GPa 以上，比高性能混凝土高得多；断裂能达到 20000 ~ 40000J/m^2，而普通混凝土的断裂能只有 130J/m^2。可见 RPC 具有优良的韧性和力学特性，高性能混凝土及普通混凝土（NC）的力学特性见表 3-5。

活性粉末混凝土、高性能混凝土及普通混凝土的力学特性　　表 3-5

性能指标	活性粉末混凝土 800	活性粉末混凝土 200	高性能混凝土	普通混凝土
抗压强度 /MPa	490~680	170~230	60~100	20~40
抗弯强度 /MPa	45~102	25~60	6~10	1.5~2.5
破坏能量 /kJ/m^2	1.2~2.0	15~40	140	120~130
弹性模量 /GPa	63~74	62~66	30~40	25~33

（2）耐久性

RPC 中的空隙量极小，使得空气渗透系数低，水分吸收特性值小，因而具有超高的耐久性。表 3-6 中比较了 RPC、HPC、NC 的主要耐久性指标，可见活性粉末混凝土的耐久性能比普通混凝土以及高性能混凝土更优越。

活性粉末混凝土、高性能混凝土及普通混凝土的耐久性比较　　表 3-6

性能指标	活性粉末混凝土	高性能混凝土	普通混凝土
空气渗透系数 /10^{-18}	2.5	120	140
水分吸收特性 /kg· m^{-3}	0.2	0.4	2.7
氯离子扩散 /10^{-12}m^2· s^{-1}	0.02	0.6	1.1
冻融剥落 /g· cm^{-2}	7	900	>1000
碳化深度 /mm	0	2	10
磨耗系数	1.3	2.8	4.0

（3）徐变性能

表 3-7 和表 3-8 列出了 C50 普通混凝土与活性粉末混凝土的徐变性能，后者的徐变性能较前者要更优异，这得益于后者的密实度和强度远远高于前者。

C50 高性能混凝土徐变性能　　表 3-7

C50 普通混凝土	初始	1d	28d	60d	90d	180d
徐变应变	—	0.32×10^{-4}	2.2×10^{-4}	3.1×10^{-4}	3.5×10^{-4}	3.9×10^{-4}
徐变度 /（1/MPa）	—	0.25×10^{-5}	1.7×10^{-5}	2.4×10^{-5}	2.7×10^{-5}	3.1×10^{-5}
徐变系数	—	0.071	0.49	0.69	0.81	0.94

活性粉末混凝土徐变性能　　表 3-8

粉末混凝土	初始	1d	28d	60d	90d	180d
徐变应变	—	0.08×10^{-4}	1.1×10^{-4}	1.6×10^{-4}	3.5×10^{-4}	3.9×10^{-4}
徐变度 /（1/MPa）	—	0.28×10^{-6}	3.8×10^{-6}	5.4×10^{-6}	7.7×10^{-6}	9.8×10^{-6}
徐变系数	—	0.051	0.069	0.10	0.14	0.18

4. 应用分析

（1）北辰三角洲横四路跨街天桥

该桥梁应用了活性粉末混凝土，使桥梁上部结构重量减轻了近三分之一，全长 70.8m 的桥梁只需 2 个桥墩，主跨增加到了 36.8m；若使用普通混凝土浇筑建造，至少需要 5 个桥墩作支撑，如图 3-10 所示。

图 3-10　长沙市北辰三角洲横四路跨街天桥

（2）京东国际机场

日本京东国际机场使用近 6900 块预应力 RPC 板作为飞机跑道，目前该工程是使用 RPC 材料最多的工程，如图 3-11 所示。

图 3-11　京东国际机场

3.2.2　岛礁混凝土

我国是个海岸线较长，岛礁资源丰富的国家。随着经济飞速发展，陆地资源日益匮乏。海洋资源开发利用的重要性日益突出，人们加快对岛礁开发与建设步伐。南海岛礁远离大陆，砂石与淡水资源缺乏，交通不便，若从内陆运输砂石与淡水，需要的成本较高，而且容易延误工期。

为了降低造价、保证工期和解决原材料来源等问题，在不破坏岛礁生态环境的前提下，就地取材，用疏浚港池、开挖航道的珊瑚碎屑代替粗骨料，用吹填海砂（珊瑚砂）代替细骨料，用海水代替淡水，采用海水拌合与养护制作而成的混凝土，主要分为珊瑚砂混凝土、珊瑚骨料混凝土、全珊瑚混凝土三类。

1. 珊瑚骨料的特性

珊瑚骨料通常指珊瑚碎屑、珊瑚断肢、珊瑚砂，由图 3-12 和图 3-13 珊瑚骨料的 XRD 和 EDS 能谱可知其主要成分为 $CaCO_3$。表 3-9 汇总了几种珊瑚骨料的物理指标，从表中可以看出，虽然珊瑚骨料各物理指标随珊瑚骨料来源不同有一些差异，但均具有堆积密度低、孔隙率大、吸水率大、压碎指标大、筒压强度低、压缩性大等特点。

（a）西沙珊瑚

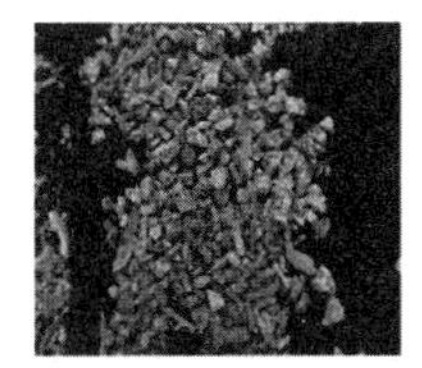

（b）西沙珊瑚破碎后

（c）南沙珊瑚

（d）南沙珊瑚破碎后

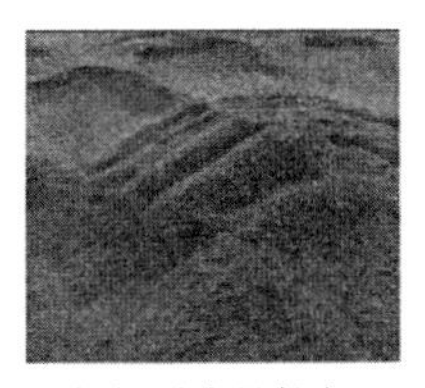

（e）西沙珊瑚砂

图 3-12　中国南海某岛礁的珊瑚与珊瑚砂

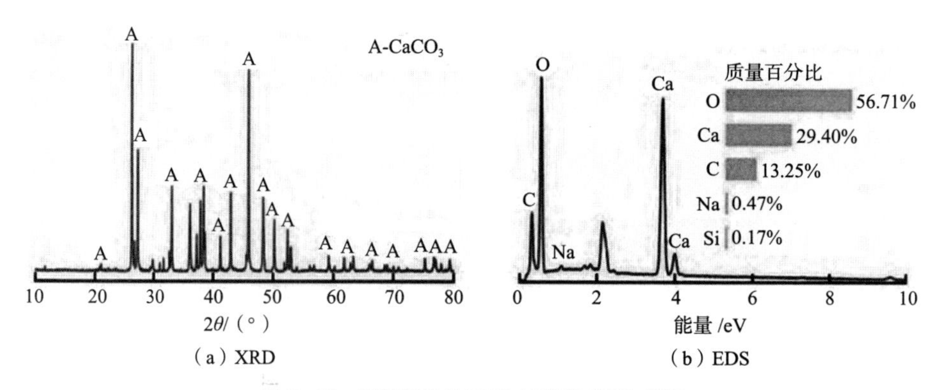

图 3-13　珊瑚骨料的 XRD 图谱和 EDS 能谱

珊瑚骨料物理指标　表 3-9

编号	种类	堆积密度 /kg/m^3	表观密度 /kg/m^3	孔隙含量 /%	细度模数	吸水性 /%	压碎值 /%	筒压强度 /MPa
1	珊瑚粗骨料	920	—	56.0	—	5.91	54	—
2	珊瑚细骨料	1233	—	48.0	1.0	4.79	—	—
3	天然珊瑚粗骨料	978	1850	47.0	—	11.2	—	2.05
4	天然珊瑚细骨料	1270	2750	53.8	1.8	6.6	—	—
5	碎珊瑚粗骨料	880	1780	50.6	—	16.0	—	2.58
6	碎珊瑚细骨料	1243	2790	55.5	2.2	6.4	—	—
7	角珊瑚颗粒	918	1806	49.1	15.4	—	—	2.01

2. 技术途径

由于珊瑚为多孔结构，采用传统的工艺方法配制的岛礁混凝土，强度等级比较低，多为 C20 ~ C25，但通过改善搅拌工艺、掺入矿物掺合料等方式可以配制出 C50 以上的岛礁混凝土。采用海水拌合的岛礁混凝土，本身含有较多的氯盐、硫酸盐与镁盐，外界渗透性介质如大气、海水对其耐久性的影响比较严重。因此，在热带岛礁环境中，岛礁混凝土必然面临着来自混凝土内部和外部的双重腐蚀问题。

因此，制备高性能的岛礁混凝土的技术途径如下：

（1）优选 C_3A 和 C_4AF 含量高的硅酸盐水泥或普通硅酸盐水泥。

（2）处理珊瑚骨料，对珊瑚粗骨料进行破碎，调整粒度和粒型，并对珊瑚粗骨料进行表面硅烷喷涂处理。

（3）采用富浆混凝土的配合比设计原理，适当增大水泥和矿物掺合料等胶凝材料的总量。

（4）采用高性能混凝土技术：掺加高效减水剂和钢筋阻锈剂，并大量掺加矿渣与粉煤灰等矿物掺合料。

（5）改变投料顺序，采用净浆裹砂裹石搅拌工艺，强化珊瑚与水泥浆体的界面结构。

3. 性能特点

（1）强度特性

将在海岛周围获取的珊瑚礁砂及海水等原材料按一定比例制成轻骨料混凝土试块，进行抗压、抗折、劈拉等静力强度试验和疲劳试验，其抗压强度与水灰比近似负线性相关，且拉压比和折压比均明显高于普通混凝土，相同应力水平下岛礁混凝土弯曲疲劳寿命高于普通混凝土。

岛礁混凝土抗压强度一般在 30 ~ 50MPa 之间，其弹性模量介于普通混凝土与轻骨料混凝土之间。并且具有明显的早强特性，7d 龄期抗压强度可达到 28d 强度的 80%，后期强度增长，速度趋缓，如图 3-14 所示。

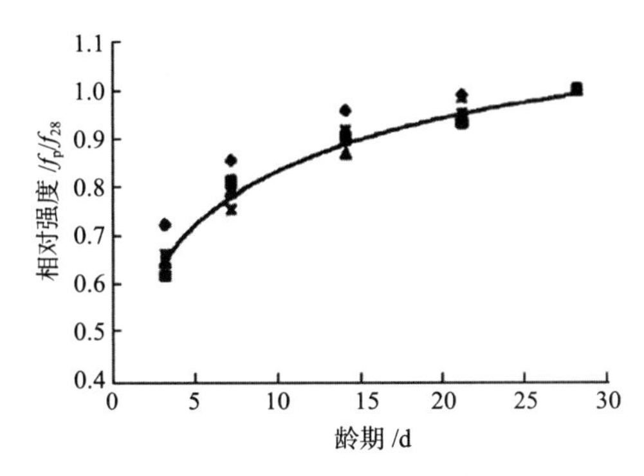

图 3-14　相对强度随龄期变化关系

（2）弹性模量

岛礁混凝土的弹性模量取决于骨料和水泥浆体的变形。通常 C40 级普通混凝土的弹性模量在 30 ~ 35GPa，而岛礁混凝土的弹性模量为 23.3 ~ 37.1GPa，可见相同强度等级下岛礁混凝土的弹性模量略低于普通混凝土，而大于轻骨料混凝土，并且岛礁混凝土弹性模量随着立方体抗压强度的提高而提高，如表 3-10 所示。

弹性模量值及对应立方体抗压强度值　　表 3-10

编号	弹性模量 /GPa	立方体抗压强度 /MPa
1	23.24	41.77
2	23.46	41.86
3	24.76	42.08
4	25.27	42.35
5	25.34	43.84
6	26.10	44.09

（3）耐久性

由于珊瑚是多孔材料，特别是开放性孔所占比例较大，其渗透性要明显高于普通混凝土，进而导致有害物质较容易渗透至混凝土内部，引发耐久性问题；另一方面，珊瑚本身含有盐分，加之使用珊瑚作为骨料的地方本身就缺少淡水，通常情况下采用海水清洗并拌合混凝土，氯离子会大量留存在混凝土内部。对于钢筋混凝土来说，混凝土中若含有氯离子，就会引起混凝土内部钢筋的锈蚀，并由此带来一系列的严重问题。因此岛礁混凝土在配制过程中要控制珊瑚骨料的含盐量，并且加大钢筋的保护层厚度。

4. 应用分析

（1）护岸胸墙

护岸胸墙混凝土构件（图 3-15、图 3-16）特点为工程量大，强度等级一般，对混凝土工作性能要求不高。海水拌制珊瑚礁砂混凝土的工作性能适合护岸结构混凝土施工的特点。

图 3-15　胸墙与模袋护岸结构

图 3-16　平顺的护岸工程

（2）珊瑚学生宿舍公寓

法国珊瑚学生宿舍公寓（图 3-17）虽占地面积不大，但受红珊瑚启发完成的外幕墙着实成为当地一道亮丽的风景。整栋公寓共有 6 层，居住着 74 名从事短期科研项目的学生和研究员。阳光和风通过珊瑚红的混凝土幕墙缝隙进入公寓内部。建筑师在外幕墙设计中采用了现场安装预制部件的方法，并通过不规则的排列方式展现出海洋珊瑚的自然状态，正是这种数学演绎算法，将这些看似简单的线状物勾勒出一种虚实相结合的美感。

3.2.3　自密实混凝土

自密实混凝土（Self-Compacting Concrete，简称 SCC）是指在自身重力作用下能够流动、密实，即使存在致密钢筋也能完全填充模板，同时获得很好的均质性，并且不需要附加振动的混凝土。

图 3-17　法国珊瑚学生宿舍公寓

自密实混凝土具有高流动性、高抗离析性和高填充性，在工程中得到越来越广泛的应用。其优越的工作性能满足了各种特殊结构和施工方面的需求，降低了建筑工程的施工成本，缩短了施工周期。

1. 配制原理

与普通混凝土相比，自密实混凝土的关键是在新拌阶段能够依靠自重作用充模、密实，而不需额外的人工振捣，也就是所谓的“自密实性”。流动性、填充性、间隙通过性以及抗离析性是其重要的特征。自密实混凝土拌合物的自密实过程如图 3-18 所示，粗骨料悬浮在具有足够黏度和变形能力的砂浆中，在自重的作用下，砂浆包裹粗骨料一起沿模板向前流动，通过钢筋间隙，进而形成均匀密实的结构。

自密实混凝土拌合物的自密实性为硬化混凝土的性能提供了重要保证，因而也是进行自密实混凝土设计的重要基础，已有的自密实混凝土设计方法大部分是根据这一原理确定的。

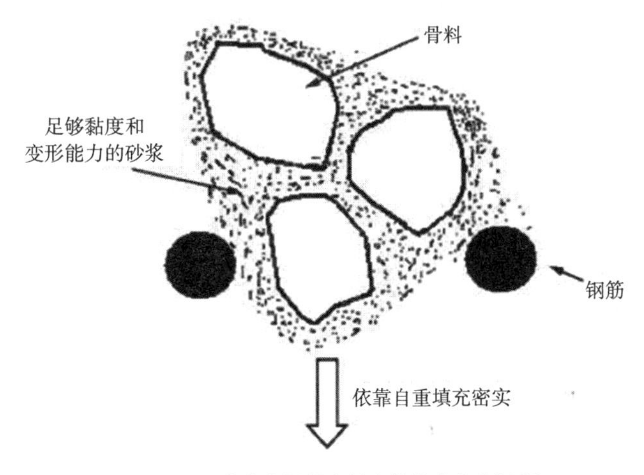

图 3-18　自密实混凝土拌合物的自密实过程

2. 技术途径

自密实混凝土原材料包括粗细骨料、胶凝材料、超塑化剂等，通过限制骨料的含量、选用低水胶比以及添加超塑化剂等措施，可使混凝土拌合物达到自密实性要求。制备自密实混凝土技术途径如下：

（1）严格控制砂石骨料粒径、含泥量、级配，提高和易性、穿透性，选择需水量比低的优质粉煤灰，增加混凝土的流变性能，通过掺入硅粉提高新拌混凝土的稳定性。

（2）提高胶凝材料总量，增加润滑浆体和砂浆的总体积，确保混凝土内具有足够的润滑层和可流动组分；降低混凝土的内部摩擦力，使混凝土具有更好的流变性能。

（3）选用高保坍、高性能减水剂，降低用水量，在增加和易性的同时有效降低新拌混凝土的工作性能损失速度。

（4）搅拌站生产自密实混凝土时，根据搅拌电流稳定时间，混凝土搅拌时间延长至 150s（普通混凝土为 40s），生产效率降低 70%。

（5）专门组织材料、专门料场堆放、专人技术服务。

3. 性能特点

（1）强度

随着胶凝材料用量、减水剂用量的增加以及水胶比的增大，自密实混凝土的抗压强度呈现先增加、后降低的变化趋势，并且自密实混凝土的抗压强度随着砂率的增加而降低，如图 3-19 所示。

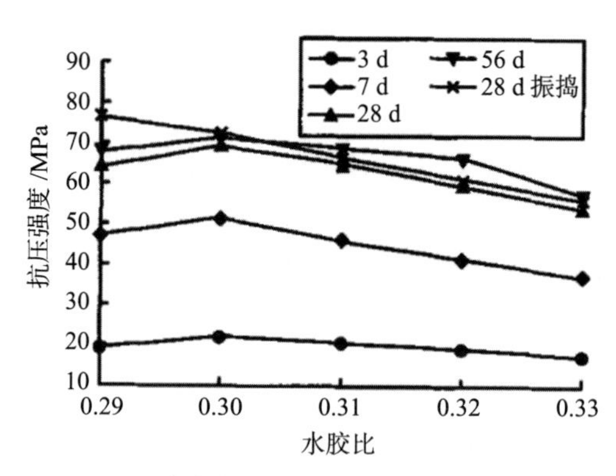

图 3-19　自密实混凝土抗压强度与水胶比的关系

（2）流动性

自密实混凝土坍落扩展度较大，流动性强，施工中无需人工或机械辅助振捣引流便可迅速流动至所需位置，且流动过程中浆、料不分散离析。

（3）稳定性

自密实混凝土胶凝材料用量较大，黏聚性能和均匀程度出众，胶凝材料对粗、细骨料的握裹能力较强，靠自重达到密实效果。故在其浇筑成型后可立即形成自稳，不会对外侧模板产生较大的侧向压力，也不会对内芯模板产生较大的上浮力。

（4）填充性

自密实混凝土所用细骨料细度适中，粗骨料级配连续，并使用“双掺”技术，造就了其优越的和易性能，配合自身强大的流动性能，可以在钢筋密集、结构截面比较复杂的工程部位填充密实，形成均质度高的结构体，从而保证了工程质量。

4. 适用范围

（1）浇筑量大，浇筑深度、高度大的工程；

（2）形体复杂，配筋密集，薄壁、钢管混凝土等受施工操作空间限制的工程；

（3）工程进度紧、严格限制环境噪声或普通混凝土无法实现的工程。

5. 应用分析

杭瑞高速北盘江大桥（图 3-20）全长 1341.4m，垂直高度 565m，是世界第一高桥，它采用机制砂自密实混凝土，具有高流动性和良好的抗离析泌水能力，无需施加振捣，仅依靠自身重力就能均匀密实填充成型，很好地满足了现代结构复杂和配筋密集的工程混凝土成型要求。

图 3-20　杭瑞高速北盘江大桥

3.2.4　海工混凝土

海工混凝土是指在海滨和海水中或受海风影响的环境中服役、受海水或海风侵扰的混凝土。高性能海工混凝土针对混凝土结构在海洋环境中的使用特点，通过合理的配制技术形成耐久性能、施工性能以及物理力学性能俱佳的混凝土材料，突出表现在高耐久和耐腐蚀，尤其是抗氯离子侵蚀的性能方面。

1. 工作环境及破坏区域

海洋工程所处环境十分恶劣，混凝土结构在使用过程中要遭受下列各种天然因素的影响：

（1）冰冻：由于冻融循环和冰凌撞击作用，处于寒冷地区的混凝土结构水位变动区容易使混凝土遭受严重的破坏。这是海工混凝土遭受破坏最严重的天然因素。

（2）风浪：风浪撞击容易使高潮位以上的混凝土内部产生海盐积聚，也是容易使海工混凝土遭受较严重破坏的天然因素之一。

（3）水质：海水中的各种盐类对混凝土有腐蚀作用，但比较缓慢。在发生冻融循环作用的地方则会加速破坏。

海洋工程钢筋混凝土建筑主要有：码头、防波堤、护岸、船坞、船台、滑道、灯塔、水闸、跨海大桥、海底隧道、海洋石油平台以及海上飞机场等。海工混凝土建筑接触的外部海水环境可划分为以下破坏区域：

（1）沿海混凝土建筑：处于氯盐、镁盐、硫酸盐等强侵蚀环境，与临海接触面受冻融循环破坏。

（2）水位变化区以上结构：受大气腐蚀和冻融循环破坏。

（3）水位变化区（包括浪溅区和潮汐区）：环境水以动态存在，盐类的结晶膨胀，高碱性物质溶析，海水中 Mg^{2+}、Cl^{-}、SO_4^{2-}等离子的侵蚀，冻融循环，干湿交替，钢筋锈蚀等，这一区域的冻融破坏最为严重。

（4）处于水位线以下区域：受海水化学侵蚀。

2. 性能特点

（1）抗渗性

抗渗性是海工混凝土最重要的性能，不仅关系到挡水，还直接影响抗冻性和抗蚀性，尤其是抗钢筋锈蚀的能力。

从图 3-21 可知，普通混凝土的氯离子迁移电量随着养护龄期的增长呈下降趋势，但幅度小于海工混凝土。尽管 1 ~ 3d 龄期时普通混凝土的氯离子迁移电量比海工混凝土小，但在 28d 龄期时普通混凝土的氯离子迁移电量却明显大于海工混凝土的氯离子迁移电量，因此海工混凝土有更好的抗氯离子渗透能力。

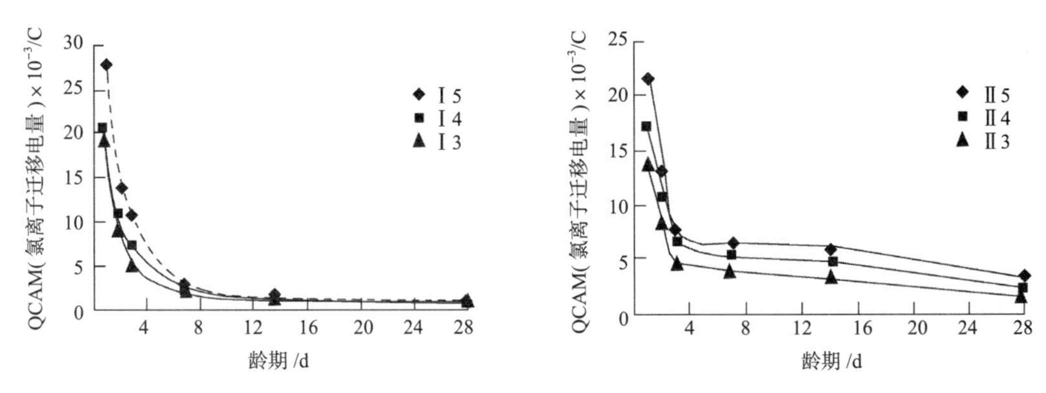

图 3-21　海工混凝土（左）和普通混凝土（右）中氯离子迁移电量随龄期变化的规律

（2）抗冻性

在海洋工程中，当混凝土处于饱水状态并发生水位升降和正负温度交替变化时，就会出现冻融现象。海工混凝土因冻融作用引起破坏的实例屡见不鲜，我国北方的每一个海港几乎都发生过混凝土冻害现象。因此，对混凝土的抗冻性应有较高的要求。

（3）防止钢筋锈蚀的性能

处于海洋环境的钢筋混凝土结构物中潮位以上部位，尤其是经常受浪花溅湿的地方，盐分不断积聚，提高了混凝土的导电性和钢筋周围的氯离子浓度，引起钢筋钝化膜破坏，促进了钢筋的锈蚀过程，使钢筋更容易生锈。因此防止钢筋锈蚀是海工混凝土的一项重要性能。

3. 应用分析

（1）东海大桥

东海大桥（图 3-22）南起浙江崎岖列岛小洋山岛的深水港区，北至上海南汇芦潮港的海港新城，跨越杭州湾北部海域，全长 31km，是我国较为罕见的大型海洋工程，在国内首次采用 100 年设计基准期。为保证东海大桥混凝土结构的耐久性，工程采取了以高性能海工混凝土技术为核心的综合耐久性技术方案。

（2）港珠澳大桥

港珠澳大桥（图 3-23）是中国境内一座连接香港、珠海和澳门的桥隧工程，位于广东省珠江口伶仃洋海域内，为珠江三角洲地区环线高速公路南环段。港珠澳大桥地处华南地区高温、高湿、高盐海洋腐蚀环境，为确保其耐久性，工程采用高性能海工混凝土技术为核心。

图 3-22 东海大桥

图 3-23 港珠澳大桥

3.3 高性能钢材

钢材作为现代工程建造的重要材料，必须能应对高层建筑复杂的受力条件，必须具备抵抗自然力，安全可靠等性能，这关系到人民的生命财产安全。

近年来我国钢铁行业取得了飞速发展，钢材品种多样化，产品质量提升，钢材的自给率越来越高。在高性能钢材的研究方面也取得了很多成绩，开发了很多高性能钢材，诸如耐候钢，耐火钢，耐蚀钢等，这些高性能钢材的研发为国民经济相关领域的发展提供了有力支撑。

3.3.1 耐候钢

耐候钢，即耐大气腐蚀钢，是介于普通钢和不锈钢之间的低合金钢系列，由普碳钢添加少量铜、镍等耐腐蚀元素而成，具有优质钢的强韧、塑延、成型、焊割、磨蚀、高温、抗疲劳等特性；耐候性为普碳钢的 2 ~ 8 倍，涂装性为普碳钢的 1.5 ~ 10 倍。同时，它具有耐锈，抗腐蚀延寿、减薄降耗，省工节能等特点。耐候钢主要用于铁道、车辆、桥梁、塔架、光伏、高速工程等长期暴露在大气中使用的钢结构，也用于制造集装箱、铁道车辆、石油井架、海港建筑、采油平台及化工石油设备中含硫化氢腐蚀介质的容器等结构件。

1. 性能特点

高性能耐候钢除了具有良好的耐候性能外，钢材的强度、焊接性能、低温韧性、抗脆断性能、高温蠕变性能、疲劳性能以及持久强度等均优于普通钢材，因此，耐候钢在国内外得到了快速发展，广泛应用于钢结构、轨道交通车辆、公路车辆、桥梁建筑和集装箱等行业。目前，国内外耐候钢的主要标准有：日本的《高耐候性压延钢材》JIS G 3125—2021、欧盟标准协会的《改良的耐候结构钢交货技术条件》EN 10025—5—2004 和中国的《耐候结构钢》GB/T 4171—2008 等。

普通碳钢中加入磷、铜、铬、镍等适量金属元素后，在钢材外表生成密度高、附着性强的防护膜，阻止锈蚀进一步扩展，从而制得耐候钢。保护锈层是非晶态尖晶石型氧化物，厚度约 70μm，致密并且黏性好，能较好地阻挡空气中氧和水向钢材基体渗透，形成以锈阻锈的现象，使得钢铁材料的耐大气腐蚀能力大大提高。而普通低合金钢则锈层松散，易脱落，导致锈蚀持续发生。两种材料的锈层形貌对比示意如图 3-24 所示。

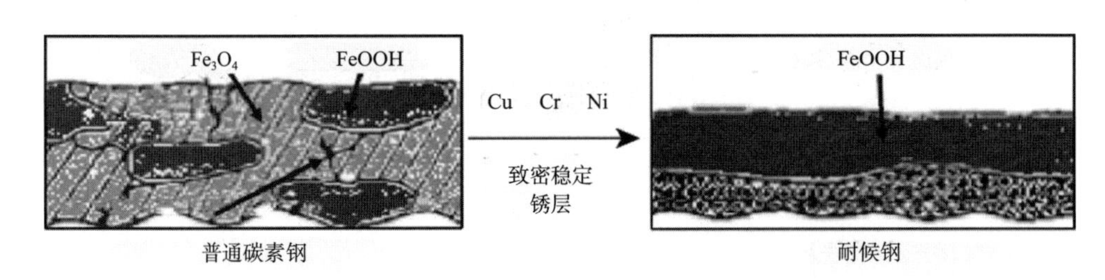

图 3-24 两种钢材锈层形貌对比

采用耐候钢建造桥梁，可以降低钢结构桥梁服役过程中维修养护的要求，大大减少了维护费用、中断交通间接费用，并延长了使用寿命，具有很好的经济意义。高性能耐候钢可以避免或者减少涂装，对环境影响小，符合可持续发展战略的要求。

组合结构桥梁由于多项新技术的应用，具有良好的强度和耐久性，快速施工缩短了投资回报期，多样化结构适应了不同桥位不同跨度桥梁建设的需求，简化的结构减少了桥梁施工和维修管理工作量。

2. 应用分析

该特大桥（图 3-25）为川藏公路的关键工程，跨越澜沧江。桥址区为深切峡谷地貌，岸坡陡、河床较窄，坡面生态条件脆弱，距离最近的澜沧江活动性断层约 4km，两岸地质岩性较好，运输条件困难，具有典型的高寒、高海拔、高地震烈度的特点。大桥拟采用地锚式单跨悬索桥方案，跨径布置为 2×35m+1000m+2×35m，锚碇拟采用隧道锚，加劲梁拟采用钢桁架梁、钢筋混凝土塔柱。大桥布置示意如图 3-26 所示。

图 3-25　川藏公路某特大桥

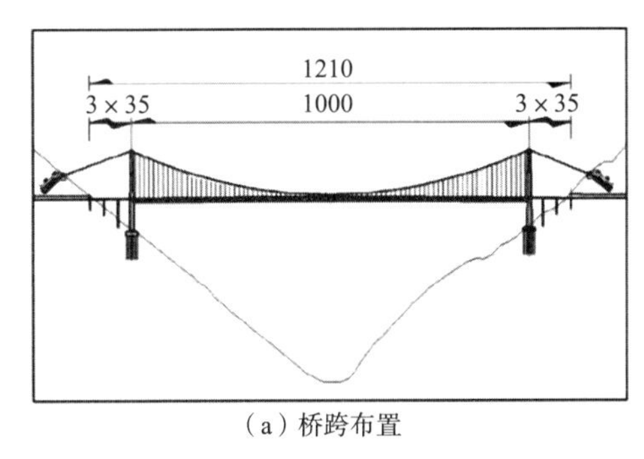

（a）桥跨布置

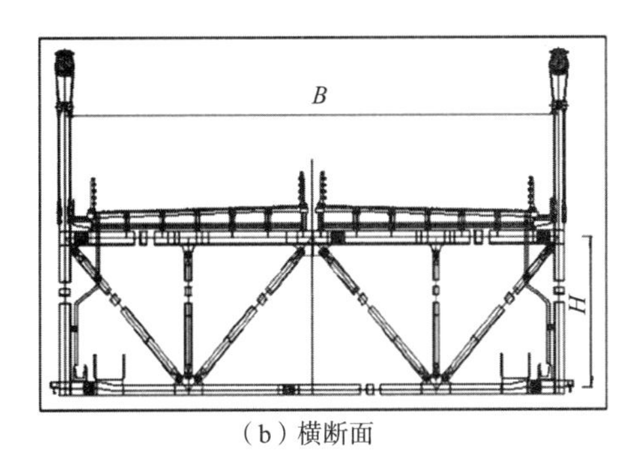

（b）横断面

图 3-26　某特大桥布置（单位：m）

该桥选用耐候钢的原因可分为以下 6 点：

（1）该桥位于西藏高寒、高海拔地区，大跨径桥梁的建设和维护非常困难。钢构件采用耐候钢材则无需酸洗，也不用镀锌和防腐涂装，维护工作量小，致密的防护锈层与桥体同寿命，可有效解决钢结构耐久性问题，减轻高原地区钢结构桥梁的养护工作强度，具有显著的经济效益。

（2）桥址处位于我国一级环境保护区内，钢桥的建造及养护要尽可能地减少环境污染。耐候钢可以减少涂装和后期重新涂装释放的挥发性有机物，对环境影响小。

（3）桥址处降雨量少，气候干燥，空气中没有含盐含硫等污染物，气候特点适合修建耐候钢桥。

（4）受国内外类似工程的启发，国外发达国家（地区）钢结构桥普遍采用耐候钢，国内也有一些铁路、公路和建筑工程采用耐候钢材料。

（5）国内耐候钢材料研制和生产趋于成熟，国内钢厂具备全品种、全规格、多用途高性能耐候桥梁钢产品的供货能力，已经成功为多个有代表性的工程项目提供了合格材料，并按国外耐候桥梁钢标准向美国、新西兰、加拿大等发达国家（地区）供货。

（6）成本优势。与普通钢桥相比，耐候钢桥的钢材价格虽较高，但是由于该桥位于人迹稀罕的高原地区，交通不便，运输、拼接、涂装成本较高，建设初期两者工程造价差别并不大，并且耐候钢桥降低在设计使用年限内维修养护的要求，可大大减少桥梁维护的直接费用、中断交通的间接费用，从全寿命周期来看达到了更好的经济效益。

3.3.2 耐火钢

耐火钢定义为，在600℃时钢材的屈服强度不小于常温屈服强度的2/3，且其他性能（包括常温机械性能、可焊性、施工性等）应与相应规格的普通结构钢基本一致。耐火钢是在生产过程中加入铝、镍、锰等稀有金属使其合金化，不仅提高了结构的抗火性能和抗震性能，还减轻了建筑自重，降低了成本。

1. 性能特点

当温度超过350℃时，普通建筑用钢的强度显著降低。当温度达到600℃时，普通建筑用钢屈服强度值就会下降到室温时的一半以下，由于强度的丧失而难以承载建筑物自身的重量，不能满足建筑的耐火性能要求。建筑用耐火钢除了具有普通建筑用钢的室温力学性能和焊接性能外，还要具有较高的高温强度，因此，人们采用高温时的屈服强度评价建筑用耐火钢的耐火性能。一般规定在600℃下、3 h以内建筑用耐火钢的屈服强度要大于其室温屈服强度的2/3。

添加合金元素微合金化的低合金钢经过控制轧制、控制冷却工艺，所制备的低合金高强度结构钢具有较高的高温强度。对400MPa、490MPa级建筑用耐火钢的力学性能要求如表3-11所示，对Q345级建筑用耐火钢的力学性能要求如表3-12所示。

400MPa、490MPa级建筑用耐火钢的力学性能要求 **表3-11**

强度级别	室温屈服强度/R_p	室温抗拉强度/R_m	高温（600℃）屈服强度/R_p	室温 R_p/R_m	冲击功/A_{kv}（0℃）
400 MPa	≥ 235 MPa	400~510 MPa	≥ 157 MPa	< 0.8	≥ 27 J
490 MPa	≥ 325 MPa	490~610 MPa	≥ 217 MPa	< 0.8	≥ 27 J

Q345 级建筑用耐火钢的力学性能要求 表 3-12

室温屈服强度 /R_p	室温抗拉强度 /R_m	伸长率 /δ_5/%	高温 /（600℃）R_p/R_m	冲击功 /A_{kv}（20℃）
≥ 345 MPa	470~630 MPa	≥ 22	＜ 0.8	≥ 27J

耐火钢是通过一系列的工艺流程，在普通钢的基础上采用合金元素，经多次加工、轧制控制、冷却工艺等手段，制备了低合金、高强度、耐火性的钢产品。耐火钢主要应用于高温、高压、中温、中压环境，使用寿命较长，以至于耐高温高压和耐腐蚀的能力成为其必不可少的特征。大部分耐火钢通过合金处理获得，所以合金元素含量较高，部分耐火钢属于高合金钢。同时，加工成型性、抗震性、延展性、焊接性等也是耐火钢在建筑应用中必不可少的特征。

2. 发展趋势

（1）高强度

随着建筑物高度的不断增加，抗拉强度为 400MPa 级和 490MPa 级的高层建筑用钢已不能满足要求。在 20 层的建筑中，若建筑钢的抗拉强度由 490MPa 提高到 590MPa，可节约钢材 20%。抗拉强度达 590 ~ 780MPa 成为高强度建筑用钢的新趋势，国外已将其成功用于高层建筑。普通建筑用钢的级别提高也会相应带动建筑耐火钢使用级别的提升。国内耐火钢以 Q235 和 Q345 级为主，而日本开发出抗拉强度 400 ~ 590MPa（屈服强度 235 ~ 460MPa）级的系列耐火钢。

（2）低成本

传统耐火钢采用高 Mo 成分设计，目的是利用 Mo 在高温时的固溶强化作用，保证高温时的屈服强度不低于室温的 2/3。但由于传统耐火钢 Mo 含量高，生产成本相对于常规建筑用钢大幅度增加，在很大程度上妨碍了耐火钢在现代钢结构建筑中的广泛使用。以武钢为代表的钢厂投入了大量人力物力进行耐火钢的研究开发，研制成功了高性能耐火耐候建筑用钢 WGJ510C，并制作成耐火钢管劲性柱，应用于上海中国残疾人体育艺术培训基地和北京中国国家大剧院，但此后耐火钢在建筑上的应用实例较少。

经济型耐火钢可采用添加 Nb、V、Ti 等微合金元素保证高温强度，从而减少 Mo 用量，以降低成本。其原理是常温时 Nb、V、Ti 固溶在基体中，在着火高温时，Nb、V、Ti 等因析出而产生强化作用，补偿耐火钢基体在高温时强度的降低，从而保证高温强度。经济型耐火钢的成本不高于普通钢 + 耐火涂层，有望得到大面积推广。

（3）替代“普通钢 + 耐火涂层”

喷涂防火材料使钢结构建筑成本成倍增加，且延长工期影响美观，减少室内有效使用面积，定期重新喷涂和维护导致施工很不方便，喷涂作业的飞溅还造成环境污染。因此，减少防火涂料层，降低成本和提高劳动生产率，是现代建筑材料的发展趋势之一。

表 3-13 给出了普通钢结构和耐火钢结构防护成本对比，从中可以看出，当耐火时间为 1h 时，耐火钢已不需要防火涂层；而当耐火时间为 2 ~ 3h 时，耐火钢可省防火涂层 80%。从普通结构钢与耐火钢的单位面积所需的防火涂料价格来看，在耐火 1h 内，耐火钢已不再产生额外防火涂层所需的费用；而耐火时间为 2 ~ 3h 时，单位面积的耐火钢较普通钢可省 80% 的费用。

普通钢结构和耐火钢结构防护成本对比　　表 3-13

耐火时间 /h	防火涂层厚度 /mm		防火涂料费用 / 元 · m^2	
	普通钢	耐火钢	普通钢	耐火钢
1	15	不用	25.2	0
2	25	5	42.0	8.4
3	35	7	58.8	11.8

3. 应用分析

北京国家大剧院（图 3-27）是北京一道亮丽的风景。它的规模十分庞大，外观壮丽。秉承着以艺术为核心，发扬艺术改变生活的理念，从建设至今不仅起到了向公众传播艺术的作用，还成为我国与中外来宾交流艺术的殿堂，对于我国艺术文化的传播与提升、创新均发挥了重要的作用。

2001 年“9 · 11”事件中，纽约世贸大厦在 1000℃大火中燃烧约 1h 就颓然倒下。因此国家大剧院对建筑材料的要求相当严格。武钢技术中心副总工程师陈晓领衔，研制成功新型耐火耐候钢，涂薄层防火材料后，在 1080℃大火中燃烧 150min 后依然挺立。耐火钢集高耐火性、高耐候性于一体，属技术首创，填补了我国建筑用钢的一项空白。

图 3-27　北京国家大剧院

3.3.3 耐蚀钢

随着我国海洋强国战略的提出，海洋工程建设技术攻关逐渐成为社会各界关注的热点。我国大多数岛礁远离大陆，缺乏工程建造所需的资源，加之海洋气候环境恶劣、地理环境险峻，使得建设物资运输难度大、成本高。随着国家对海洋权益的日益重视，海洋开发与海洋工程建设的不断推进，亟待研发自重轻、施工难度低、能耐海洋腐蚀的新型建筑材料与建筑结构形式，满足我国海洋工程建设的实际需要。

1. 性能特点

耐蚀钢的强度和韧性水平以及钢板的加工性能、焊接性能和应力消除、应变时效、断裂特性等使用性能与传统钢板要求一致，必须满足规范中的相应要求。

除了对钢中的硫化物等夹杂物的含量、形态进行严格控制，还必须对包括组织状态、合金元素、晶粒大小和结构等加以控制，阻碍高酸性环境下钢板组织的直接腐蚀反应。

综合上述要求，耐蚀钢的组织控制应重点关注以下几方面内容：

（1）化学成分。化学成分设计必须在相应钢种的成分要求下进行。

（2）夹杂物控制。尽量减少硫化物，特别是MnS的数量；减少其他类型夹杂物的数量；尽量形成复合夹杂物，特别是硬相与软相的结合，保证变形后与基体结合紧密。

（3）析出相的控制。增加Ti、Nb析出相，保证强度及细化晶粒尺寸，同时强化晶界；避免Cr等合金元素的碳化物析出，尽量以快速冷却保证固溶，控制析出相的尺寸。

（4）表面的控制。减少表面的氧化铁皮、麻点、凹坑等缺陷。

2. 发展趋势

当前，海洋工程装备制造已列为国内战略性产业，随着国内海洋工程装备制造业的快速发展，结合着我国南海区域高温、高湿、强日照等环境特点，与之相配套的海洋工程用钢必然会成为钢铁需求的新亮点。

（1）与国外相比，我国耐海水腐蚀钢板开发相对滞后，加快不同海洋环境下使用的耐腐蚀钢的系列化是缩小与国外差距的突破口，特别是加强高湿热、强辐射、高Cl^-环境下腐蚀机理研究，推进适应我国南海海洋环境的耐腐蚀钢的系列化是今后重点研究课题。另外，在进一步加强耐海水腐蚀用钢开发的同时，完善并开发海洋用高强钢的腐蚀防护方法、加强应力腐蚀开裂的防护和研究以及降低腐蚀开裂等相关研究仍是今后发展的主要方向。

（2）新型、易焊接海洋耐腐蚀厚钢板与特厚钢板的设计理论与原理，海洋耐蚀钢用厚钢板与特厚钢板的均质化、细晶化、高韧化机理，海洋耐蚀厚钢板与特厚钢板高效高可靠性焊接冶金原理，海洋工程用厚钢板与特厚钢板以及焊接接头的耐腐蚀机理，包括在我国南海高湿热和海洋微生物等特殊环境下的腐蚀机理，都是海洋环境用耐腐蚀钢研究与开发的核心问题。

（3）不同元素对钢材的耐蚀性能产生显著影响，其中 Cu、P、Mo 等元素具有较好的腐蚀性能。同时，Ni、Cr、Si、Al、Co 等元素也能有效地提高钢材的抗腐蚀性能，而 Sb、Be、Ti 等元素在腐蚀性能方面具有一定的效果。因此，通过研究不同组织对钢材耐蚀性的影响以及上述元素在钢材中的作用机理，可以进一步提高钢材的耐蚀性能，利用低碳、低夹杂、微合金化细化晶粒控制等方法，开发出经济的，焊接性能、耐腐蚀性能以及韧性良好的海洋环境用耐蚀钢，是未来研究的重点。

3. 应用分析

耐蚀钢具有耐锈、免涂装、减薄耗降、省工节能等特点，广泛应用于建筑、车辆、桥梁、塔架等长期暴露在大气中的钢结构，以及制造集装箱、铁路车辆、石油井架、海港建筑、采油平台等的结构件。目前，采用稀土合金化技术生产的耐蚀钢主要应用于钢结构装配式建筑、耐蚀地螺钉、外挂装饰装修、厂房式标准实验室和可移动集装箱等典型示范建筑。耐蚀钢在典型示范工程中的应用如图 3-28 所示。

图 3-28　耐蚀钢在典型示范工程中的应用

3.4　高性能木材

随着资源的消耗以及人类可持续性发展意识的增强，木材等绿色资源的功能化改性和应用日益受到人们关注。我国木材进口量连年攀升，尤其是在天然林保护工程启动后，木材对外依存度接近 60%，木材安全形势严峻。为此，大力开发速生林木材，对缓解我国木材供需矛盾至关重要。目前，我国人工林种植面积居于世界首位。速生林木材因其生长速度快、成材早，具有强度低、尺寸稳定性差、易腐朽等天然缺陷，很难替代优质天然林资源，主要应用于人造板、实木复合地板、造纸、包装材料、建筑模板等领域。如何充分合理利用这部分资源，实现速生林木材的高效、高值化利用，已经成为解决木材供需矛盾的关键。

高性能木材就是利用物理、化学或生物等手段改变木材成分或结构，从而改善木材性能的一类新型改性木材，改性木材是速生材优化利用的主要途径之一。通过改性处理，速生材通常能够获得良好的物理力学性能、耐腐性、阻燃性和纹理色彩等，从而拥有替代优质天然木材的可能性。在众多木材改性方法中，化学交联改性以工艺简单、改性效果显著以及稳定性优良等优势得到了广泛关注。

3.4.1　电磁屏蔽木材

随着电子设备的普及，受到的电磁辐射越来越多，极大地影响着人们的身心健康。电磁辐射成为继水污染、大气污染、噪声污染之后的第四大公害。为了预防和减弱电磁辐射对人类的伤害，电磁屏蔽材料的制备就显得至关重要。然而，传统的电磁屏蔽材料存在着资源有限和环境污染严重等问题。因此，为了缓解不可再生资源的压力，减轻日益严重的环境问题，探索绿色无污染的电磁屏蔽材料迫在眉睫。木材是树木在自然界中天然生长形成的一种可持续更新发展的天然绿色材料，作为制备电磁屏蔽材料的基材时，可以充分发挥其资源丰富、可再生、可降解、成本低廉等优势，是制备绿色电磁屏蔽材料的有效途径。

1. 性能特点

木基电磁屏蔽材料的制备方法很多，特征也各不相同，大致可分为表面导电法、纳米材料复合法、填充法和炭化灌注法。木基导电复合材料的制备流程如图 3-29 所示。

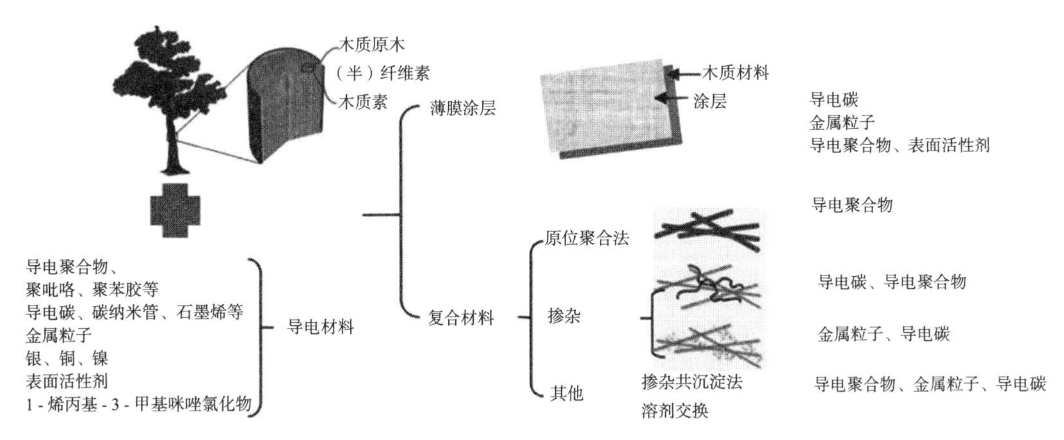

图 3-29　木基导电复合材料的制备流程图

（1）表面导电法及其特点

表面导电法包括贴金属箔和金属网、化学镀和真空喷镀等。

①贴金属箔和金属网常以铝、铜、铁等为金属层物质，贴附于木材基体表面或两层木质薄层中间，金属层与木材间的粘结一般源于胶粘剂的作用。特点是导电性好、操作简单，但基本形状复杂，难以实施。

②化学镀指的是无需外加电流，仅仅依靠镀液中的物质自身发生氧化还原反应，从而在木材表面镀上一层金属层的方法。特点是不受材料形状和大小限制、镀层均匀，但设备昂贵、镀层易脱离且有公害。

③真空喷镀是在高温、真空下气化沸点较低的金属材料，并于木质基材的表面形成薄膜，以此制备屏蔽材料。特点是粘接强度高、导电性能优异，但产品易受容器尺寸的限制。

（2）纳米材料复合法及其特点

纳米材料复合法一般分为木材组分分离与重新组合两部分，即将木材的主要化学成分从木材中分离出来，对所需的木材组分进行纳米化处理后与导电物质复合。特点是屏蔽效能较高、操作简单，但导电成分容易凝聚。

（3）填充法及其特点

填充法通常是使用叠层或浸渍的手段将导电物质分散到木质基材中，从而制备出屏蔽材料的办法。特点是操作简单、成本低，但导电成分分布不均匀。

（4）炭化灌注法及其特点

炭化灌注法指的是将导电物质灌注到烧制炭化的木质多孔性材料中制备屏蔽材料。特点是材料轻质、屏蔽性能好，但制作成本高、工艺较复杂。

2. 发展趋势

未来木基电磁屏蔽材料的发展趋势主要有以下几点。

（1）宽频吸收型

当前，虽然屏蔽材料的种类较多，但大多数屏蔽材料的吸收频带较窄。以现阶段研究的木基电磁屏蔽材料为例，大部分属于通过反射电磁波达到电磁屏蔽目的的反射型屏蔽材料，涉及频带很窄。因此，探索宽频吸收型木基电磁屏蔽材料，将极大地推动电磁屏蔽材料的发展。

（2）纳米化

纳米材料因独特的结构，使其具有特殊的微波吸收性能，同时具有宽的吸收频带。通过纳米化优化屏蔽材料的内部结构，提高木基电磁屏蔽材料的电磁屏蔽效能，将是未来木基电磁屏蔽材料的发展方向之一。

（3）智能化

将功能与结构相结合，使材料在具有电磁屏蔽功能的同时，能够自动地对外界刺激迅速作出响应，使其成为智能型电磁屏蔽材料，这必将是屏蔽材料的未来发展趋势之一。

当今，高科技电子产品的广泛应用在给人们带来极大便利的同时，也使电磁辐射问题日益严重。因此，对电磁辐射进行屏蔽势在必行，木基电磁屏蔽材料是屏蔽材料的重要组成部分，其独特的优势越来越受到人们的关注。木基电磁屏蔽材料作为木材高值化利用的一种，不仅能充分发挥资源丰富、成本低廉、可自然降解等优势，符合绿色、环保可再生的生态理念，而且还能提高速生材的使用价值，拓展应用范围和领域，具有广阔的市场经济价值。

3. 应用分析

如图 3-30 所示，该木质电磁屏蔽门技术来源于“木材的非电解电镀技术引进”项目，由底板、芯板和面板组成，利用化学镀复合材料为芯板，面板采用化学镀的方式进行处理，最终制作成木质电磁屏蔽实木复合板。其外观具有一定的装饰性，在 9kHz ~ 1500MHz 频率范围内，电磁屏蔽效能约为 60dB，化学镀铜单板电磁屏蔽性能达到国家相关标准的规定。

图 3-30 化学镀铜木质电磁屏蔽样品门

3.4.2 发光木材

木基发光材料综合了木基复合材料和发光材料的优势，以木材为载体，通过浸渍发光材料获得具有发光性能的功能性木材，在一定程度上保留了木材的基本结构特征，并改善了木材的尺寸稳定性、防腐防潮性和力学性能等，还通过添加其他功能性材料开发出磁性、储能等新功能。

1. 性能特点

以脱木素巴尔沙木为基材制备的发光透明木材具有独特光学和电学性质，是一种零维纳米半导体颗粒材料，比普通有机荧光材料吸收带更宽、荧光寿命更长，且光稳定性、发光带调制性和生物相容性更佳。

以脱木素杨木为基材制备的高透明度磁性发光木材具有发光、低毒、耐光化学降解和光漂白等化学特性，化学性质稳定，耐水性能好，余晖性能良好，发光颜色多样，但其发光性能未达到铝酸盐材料的水平，可发散明亮的红光，还获得了 80.6% 的高透光率和 0.26emu/g 的饱和磁化强度。该复合材料具有良好的热性能、尺寸稳定性、中等的磁性和优异的力学性能。而以去抽提物杨木制备的发光木材兼具稀土离子的光、电、磁特性及有机高分子材料的优良性能，但存在发光量子效率低、热稳定性差、透光率下降等问题。

2. 发展趋势

目前，木基发光材料还处于探索和开发阶段，相关研究主要集中在制备方面，尚未投入实际生产应用。而目前发光材料产品主要应用于固态发光、显示技术、医学诊断、成像分析、安全标签、能量转换以及各种探测器、激光器、放大器等。学者们对发光材料的应用探讨已从弱光照明、指示灯扩展到信息存储、高能射线探测等领域。为了适应现代绿色环保、可持续发展的消费理念，未来在固态发光、显示技术、安全标签、能量转换等领域亦可使用木基发光材料。

（1）照明材料

自从电力被广泛应用以来，人类采光与照明的方式在功能和艺术方面都得到了飞速发展，全社会的照明用电量不断攀升。火力发电导致资源短缺和环境污染等问题让人们希望找到更绿色高效的照明方式。而发光木材的原材料绿色、易获取，制备工艺简单，节能环保，可以在特定场所取代电灯满足一定的照明需求，在道路标志以及应急光源等领域有着极大的应用潜力，高透明度的发光木材将为制备新型绿色 LED 照明设备提供多样化的应用前景。

（2）建筑装饰材料

天然多孔的木材结构适用于承重构件的加固，在保持原木材纹理的同时，还可以通过调整本身的发光材料改变发光强度和色彩，因此发光木材也可以应用于家居、装饰材料以及户外家具、景观材料。例如，各类家具、墙脚边沿应用木基发光材料达到夜间的弱光照明，为老幼、孕妇及夜盲症患者等提供便于活动的夜间环境；在户外环境中，应用木基发光材料作为户外长椅、地板、垃圾桶等器材的主要材料，可减少户外路灯照明的数量，实现新颖、低碳、环保的生活方式。

（3）储能材料

在不可再生资源短缺及间歇性可再生资源很难满足人们对电能和热能日益增长需求的情况下，加入相变材料获得的储能型发光木材能有效存储光能和热能。王成毓等以脱木素杨木、稀土铝酸盐发光材料、十四醇为原料，制备出同时储存热能和光能的自发光木材，不仅能够储存周围环境辐射和生活产生的废热，调节周围温度，还能够吸收紫外光和其他可见光，在黑暗环境下发出黄绿色的光，余晖时间长达 10h。

3. 应用分析

发光的木材屏幕漂浮在一个近 60ft 跨度的混凝土门廊上，如图 3-31 所示。底层的程序集中在一个由两个滑动玻璃门包围的不透明空间里，变成了一个巨大的露台，连接建筑的前后花园。上面明亮透明的屏幕突出了这些厚重的墙，限定了图的前后界限。外墙由水平的粗石条制成，与混凝土表面印刷木板的排列相呼应。通过门廊展现的发光木材屏幕是由钢和混凝土的组合结构支撑的。由于这种结构的一部分被木箱所隐藏，板的表面宽度与侧壁相似，使之产生了一种难以置信的轻盈感。

图 3-31 发光的木材屏幕

参考文献

[1] 谢发祥，韩旭，蔡定鹏，等.高性能水泥基复合材料的压剪性能和破坏准则[J].复合材料学报，2022，39（11）：5311-5320.

[2] 徐文磊，宣卫红，陈育志，等.高性能水泥基复合材料断裂性能[J].建筑材料学报，2021，24（6）：1139-1145.

[3] 宣卫红，徐文磊，陈育志，等.不同加载速率下高性能水泥基复合材料断裂性能研究[J].材料导报，2021，35（22）：22051-22056.

[4] 林长宇，王启睿，杨立云，等.玄武岩纤维活性粉末混凝土在冲击载荷下的力学行为及本构关系[J].材料导报，2022，36（19）：103-109.

[5] 马先伟,刘剑辉,禹新,等.养护条件对含SAP高性能水泥基材料强度的影响[J].混凝土，2020，4：19-22+28.

[6] 单波，沈琦，张磊，等.钢筋活性粉末混凝土柱高温全过程受力性能试验研究[J].建筑结构学报，2022，43（8）：144-153.

[7] 李庆华，银星，郭康安，等.超高韧性水泥基复合材料与活性粉末混凝土界面剪切强度试验研究[J].工程力学，2022，39（8）：232-244.

[8] Kim H，Siddique S，Jang J G. Effect of carbonation curing on the mechanical properties of belite-rich cement mortar exposed to elevated temperatures[J]. Journal of Building Engineering，2022，52：2352-7102.

[9] Stanek T，Sulovsky P. Active low-energy belite cement[J]. Cement and Concrete Research，2015，68：203-210.

[10] 王凯，林静，杨为德，等.活性粉末混凝土长期性能与耐久性研究进展[J].混凝土，2017，11：27–30，34.

[11] 杭美艳，周玉坤.活性粉末混凝土（RPC180）试验研究[J].硅酸盐通报，2017，36（10）：3555-3560.

[12] 苏丽，牛荻涛，罗大明.珊瑚骨料混凝土力学性能及耐久性能研究[J].材料导报，2018，32（19）：3387-3393.

[13] Da B，Yu H F，Ma H Y，et al. Investigation and Research on Durability of Reef Coral Concrete Structure in the South China Sea[C].The 14th International Congress on the Chemistry of Cement（ICCC 2015）Abstract Book Volume 2. 2015：189.

[14] Hu S L，Wang W，Alam M. Shahria，et al. Performance-based design of self-centering energy-absorbing dual rocking core system[J]. Journal of Constructional Steel Research，2021，181：106630.

[15] Bisht P，Pandey K K，Barshilia H C. Photostable transparent wood composite functionalized with an UV-absorber[J]. Polymer Degradation and Stability，2021，189：109600.

[16] Hai L V，Muthoka R M，Panicker P S，et al. All-biobased transparent-wood：A new approach and its environmental-friendly packaging application[J]. Carbohydrate Polymers，2021，264：118012.

[17] Xia R Q，Zhang W Y，Yang Y N，et al. Transparent wood with phase change heat storage as novel green energy storage composites for building energy conservation[J]. Journal of Cleaner Production，2021，296：126598.

[18] 凌广 . 耐候钢在川藏公路某大跨径桥梁设计中的应用 [J]. 公路，2022，67（6）：154-158.

[19] 张钰伯 . 高性能耐候钢在钢板组合梁桥中的应用 [J]. 工程建设与设计，2020，3：236-238.

[20] 何国宁，蒋波，何博，等 . 集装箱用高强度耐候钢的开发及研究现状 [J]. 材料导报，2022，36（4）：173-181.

[21] 楼国彪，费楚妮，王彦博，等 . 高强度耐火钢高温下力学性能试验研究 [J]. 建筑结构学报，2022，43（9）：128-137.

[22] 饶兰，岳清瑞，郑云，等 . 高强耐蚀钢材料力学特性试验研究 [J]. 建筑结构学报，2020，41（5）：147-156.

[23] 苏翰，赵力国，吴建明，等 . 腐蚀 Q345qDNH 耐候钢对接焊缝疲劳性能研究 [J]. 建筑结构学报，2021，42（S2）：473-481.

[24] 王忠祥 . 电磁屏蔽木材的制备与性能研究 [D]. 陕西科技大学，2021.

[25] 王丽，王哲，宁国艳，等 . 木基导电电磁屏蔽材料的研究进展 [J]. 材料导报，2018，32（13）：2320-2328.

[26] 王婧娴，杨琳 . 木基发光材料研究进展 [J]. 世界林业研究，2021，34（3）：75-81.

[27] Nie L X，Xu J Y，Bai E L. Dynamic stress-strain relationship of concrete subjected to chloride and sulfate attack[J]. Construction and Building Materials，2018，165：232-240.

[28] Liu T J，Qin S S，Zou D J，et al. Experimental investigation on the durability performances of concrete using cathode ray tube glass as fine aggregate under chloride ion penetration or sulfate attack [J]. Construction and Building Materials，2018，163：634-642.

[29] Kristiawan S A，Nugroho A P. Creep behaviour of self-compacting concrete incorporating high volume fly ash and its effect on the long-term deflection of reinforced concrete beam [J].

Procedia Engineering，2017，171：715-724.

[30] Winnefeld F，Lothenbach B. Hydration of calcium sulfoaluminate cements-experimental findings and thermodynamic modelling[J]. Cement and Concrete Research，2010，40：1239-1247.

[31] Jeong Y，Hargis C W，Chun S C，et al. The effect of water and gypsum content on strätlingite formation in calcium sulfoaluminate-belite cement pastes[J]. Construction and Building Materials，2018，166：712-722.

[32] Wu Y，Wang Y J，Yang F. Comparison of Multilayer Transparent Wood and Single Layer Transparent Wood with the Same Thickness[J]. Frontiers in Materials，2021，8.

[33] Wang K L，Dong Y M，Ling Z，et al. Transparent wood developed by introducing epoxy vitrimers into a delignified wood template[J]. Composites Science and Technology，2021，207：108690.

[34] Ghamari A，Haeri H. Improving the behavior of high performance steel plate shear walls using Low Yield Point steel[J]. Case Studies in Construction Materials，2021，14：e00511.

[35] Foster K E O，Jones R，Miyake G M，et al. Mechanics，Optics，and Thermodynamics of Water Transport in Chemically Modified Transparent Wood Composites[J]. Composites Science and Technology，2021，208：108737.

[36] Cheng H G，Hu C，Jiang Y. Experimental study on fatigue performance of Q420qD high-performance steel cross joint in complex environment[J]. Asian Journal of Civil Engineering，2021，22：865-876.

[37] Ban H Y，Zhou G H，Yu H Q，et al. Mechanical properties and modelling of superior high-performance steel at elevated temperatures[J]. Journal of Constructional Steel Research，2021，176：106407.

[38] Li X J，Zhang Y Y，Shi C，et al. Experimental and numerical study on tensile strength and failure pattern of high performance steel fiber reinforced concrete under dynamic splitting tension[J]. Construction and Building Materials，2020，259：119796.

[39] Ali G，Amir J N. Investigating the seismic behaviour of high-performance steel plate shear walls[J]. Proceedings of the Institution of Civil Engineers - Structures and Buildings，2020.

[40] Motzet H，Poellmann H，Koenig U. Phase quantification and microstructure of a clinker series with lime saturation factors in the range of 100[A]. 10th ICCC[C]. Gothenbug，Sweden.1997，1：10-39.

[41] 范基骏，丛立庆，汤俊艳，等. 氧化镁在高硫硅酸盐水泥中的作用机理研究 [J]. 水泥，2003，9：8-10.

[42] Maki I，Kato K. Phase identification of Alite in Portland cement clinker[J]. Cement and

Concrete Research. 1982，12（1）：93-100.

[43] Katyal N K，Ahluwalia S C，Parkash R. Effect of barium on the formation of tricalcium silicate[J]. Cement and Concrete Research. 1999，29（11）：1857-1862.

[44] 李贵强 . 掺杂 SrO 和 $SrSO_4$ 对高阿利特水泥合成和性能的影响 [D]. 济南：济南大学，2011.

[45] 任雪红，张文生，欧阳世翕 . 多离子复合掺杂对阿利特介稳结构的影响 [J]. 硅酸盐学报，2012，40（5）：664-670.

[46] Stephan D，Wistuba S. Crystal structure refinement and hydration behavior of $3CaO \cdot SiO_2$ solid solutions with MgO，Al_2O_3 and Fe_2O_3 [J]. Journal of the European Ceramic Society，2006，26：141-148.

[47] Fukuda K，Taguchi H. Hydration of α_L' -and β -dicalcium silicates with identical concentration of phosphorus oxide[J]. Cement and Concrete Research，1999，29（4）：503-506.

[48] 隋同波，刘克忠，王晶，等 . 高贝利特水泥的性能研究 [J]. 硅酸盐学报，1999，27（4）：488-492.

[49] 徐德祥，王睿谦，范增为，等 . 稀土耐蚀钢耐蚀性能评价方法及产业应用 [J]. 上海金属，2020，42（6）：74-79.

[50] 管宗甫 . 高阿利特水泥熟料的烧成和掺杂阿利特的研究 [D]. 北京：中国建筑材料科学研究院，2005.

[51] 李艳君，刘晓存，曹同芳，等 .Cr_2O_3，MgO 对贝利特 - 硫铝酸钙水泥熟料矿物形成的影响 [J]. 山东建材学院学报，1998，12（4）：291-293.

[52] 李好新，王培明，熊少波 .MgO 对 C_2S 矿物形成的影响 [J]. 建筑材料学报，2006，9（2）：136-141.

[53] 王政，巴恒静，李家和，等 . 固溶异离子对高贝利特水泥性能的影响 [J]. 武汉理工大学学报，2005，27（7）：33-36.

[54] 王成毓，杨照林，王鑫，等 . 木材功能化研究新进展 [J]. 林业工程学报，2019，4（3）：2096-1359.

第4章
建筑材料的功能化

随着科技的进步与社会的发展,功能化成为建筑材料不可或缺的一部分。顾名思义,新型功能化建筑材料是具有某种特殊功能的材料，除了满足结构承重特性外，还具有其他的功能特性;新型功能化建筑材料可以通过多功能化使人们工作生活于更加轻松愉悦的环境之中。为满足这些新型功能特性而研制的材料，即为建筑功能材料。

本章将绿色环保建筑功能材料作为主要研究对象，对各种建筑功能材料进行详细的介绍，包括透水混凝土、透光混凝土、透明木材、电磁屏蔽混凝土、吸声混凝土以及古建筑修复材料等。

4.1 透水混凝土

我国提出了以“海绵城市”为理念的城市建设思路，其中透水混凝土的应用较好地解决了城市内涝问题。透水混凝土是一种多孔材料，可以通过内部的孔隙将雨水直接渗透到土壤，同时有效降低铺设区域的雨水径流量，并且减少随雨水冲淋进入自然水系中的污染物，表现出对雨水良好的过滤作用。目前，按制备材料划分，透水混凝土大致分为水泥透水混凝土、高分子透水混凝土、烧结透水混凝土三大类。透水混凝土将成为我国未来城市市政建设的重要发展方向之一。雨水通过透水混凝土的孔隙直接渗透到土壤，可直接保证地下水供应，降低对雨水下水道规格的相应要求，进而有效降低开发与建设成本。即使在建筑物密集的城市地区，空气与水也能通过透水混凝土的孔隙渗透到根系，为植物生长提供良好的条件。此外，透水混凝土在缓解城市热岛效应与利用地热加速积雪融化等方面具有突出优势。

4.1.1 制备工艺

透水混凝土的主要原材料有胶凝材料、骨料、外加剂和水等，可将其看作由胶凝材料起界面粘结作用的粗集料堆聚结构。

骨料是透水混凝土的结构骨架，骨料的级配、表面形态等直接关系到透水混凝土的强度、孔隙率、透水系数等指标，从而影响到透水混凝土的物理力学性能。

外加剂也是透水混凝土不可缺少的原料。透水混凝土的外加剂主要有调整混凝土凝结时间的缓凝剂、提高混凝土流动性的减水剂、增加稠度提高透水混凝土强度的增强剂、彩色透水混凝土用的染色剂、增加表面亮度质感和耐磨性的保护剂等。

不同于普通混凝土设法减小孔隙率、提高密实度，透水混凝土在配合比设计时必须预留合理的孔隙率以保证透水性。透水混凝土的配合比设计思路是，在达到透水性基本要求的同时尽量提高强度。透水混凝土配合比设计计算中常用的方法是体积法、质量法和比表面积法等。

透水混凝土搅拌时的投料顺序有多种，根据实际情况采用一次全部倒入法、预拌水泥浆法、包裹粗集料法和水泥裹石法等。其中，水泥裹石法可改善混凝土强度和透水性，适用于透水混凝土搅拌，是透水混凝土施工中提倡应用的搅拌方法。

水泥裹石法也称造壳法，其工艺流程如图 4-1 所示。这种搅拌工艺预拌水量（W_1）的控制是一个重要的技术指标，一般情况下预拌水量（W_1）为总用水量的 8% ~ 10%。

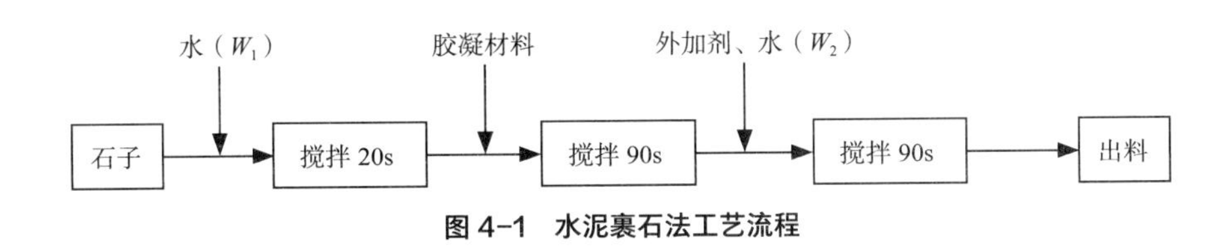

图 4-1　水泥裹石法工艺流程

经试验，确定将压力成型法和振压成型法作为透水混凝土实验室配合比成型方法。

1. 压力成型法：混凝土拌合物装入专用静压成型模具中，然后将模具置于压力机下，施加压力至试验值并维持 5s 后卸荷，最后取下试模套具，用 *D*40mm 的铁棒“滚压”成型面直至平整并用抹刀将成型面抹平。混凝土试块成型尺寸为 150mm × 150mm × 150mm。压力成型法对浆体稠度要求不太高，但压力较大时，骨料很容易受到破坏，成为混凝土产生开裂的薄弱点，需要合适的成型压力。

2. 振压成型法：将混凝土拌合物装入试模并在振动台上振动 4s，然后使用静压成型装置向拌合物施加压力至试验值并维持 5s 后卸荷，最后用 *D*40mm 的铁棒“滚压”成型面直至平整并用抹刀将成型面抹平。振压成型法对骨料无损伤，但振动时浆体易顺流而下，堵塞连通孔隙，对浆体稠度要求高。

4.1.2　透水机理

孔隙率是表征透水混凝土孔隙结构的基本参数。孔隙率是指混凝土总体积扣除固体骨架所占据的体积后的剩余部分，它由连通孔隙、半连通孔隙以及封闭孔隙组成，三者之和为全孔隙。全孔隙体积与试件总体积的百分比，称为全孔隙率（或总孔隙率）。

连通孔隙与试件总体积的百分比，称为连通孔隙率（或有效孔隙率）。区分全孔隙率和连通孔隙率是很有必要的，全孔隙率是控制抗压强度的一个重要参数，而连通孔隙率与渗透系数有紧密联系。

虽然浮力称重法可以测出连通孔隙率，但是并不能直接描绘透水混凝土内部的孔隙结构。为此，研究表明，沿圆柱体透水混凝土试件横向切割，将截面处理后重现了孔隙分布的二维图像 [图 4-2（a）]。从横向切面孔隙分布图中求出透水混凝土等效孔径的大小和平面孔隙率 [图 4-2（b）]。经过统计得出：对于骨料粒径为 10 ~ 20mm、连通孔隙率为 20% ~ 30% 的透水混凝土，其等效孔径大小在 10 ~ 20mm 之间，主要集中在 13 ~ 16mm 范围内，其平面孔隙率与试件的全孔隙率较为接近；研究表明沿纵向对透水混凝土进行切割，分别得到纵向切面孔隙分布图 [图 4-3（a）]、纵向切面浆体分布图 [图 4-4（a）] 以及孔隙率和浆体体积分数分别沿深度的变化趋势 [图 4-3（b）和图 4-4（b）]。可见，随着深度增加，孔隙率降低，浆体体积分数增加，且最小孔隙率和最大浆体体积分数同时出现在透水混凝土最底部。分析表明，这是由于浆体过多导致沉淀产生的。

此外，渗透系数是表征透水混凝土孔隙结构的另一个参数。渗透系数的测量方法按照水头状况分为常水头法和降水头法。对这两种方法进行比较，发现降水头法测量结果高于常水头法测量结果，这主要是因为降水头法忽略了外加应力对渗透性的影响。透水混凝土的渗透系数常利用连通孔隙率表示，但此类关系式并没有考虑迂曲度的影响。为此，研究从不同角度分别对 Kozeny-Carman 方程进行修正。经过验证，修正的 Kozeny-Carman 方程比以往的经验公式更有效地预测透水混凝土的渗透系数。

（a）横向切面孔隙分布图（其中白色区域代表孔隙）

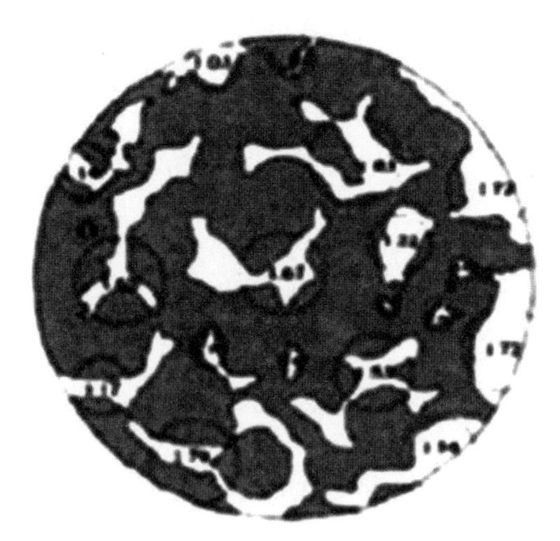

（b）等效孔径示意图

图 4-2　横向切面孔隙及等效孔径

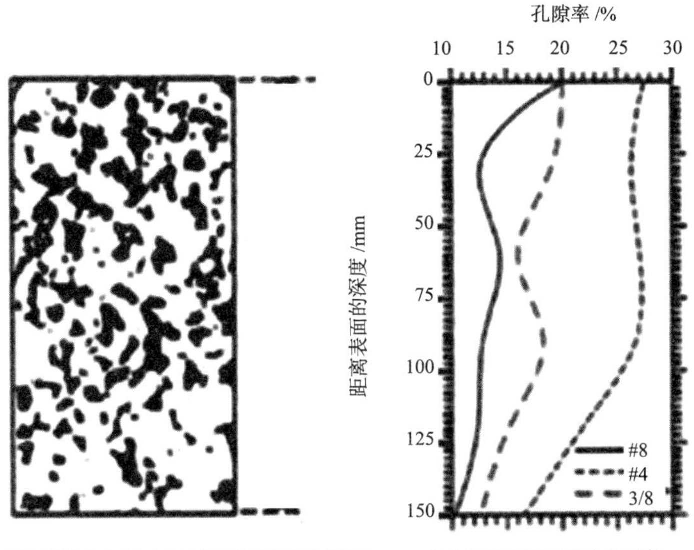

（a）纵向切面孔隙分布图（其中阴影区域代表孔隙）　（b）孔隙率沿深度变化趋势

图 4-3　纵向切面分布及变化趋势

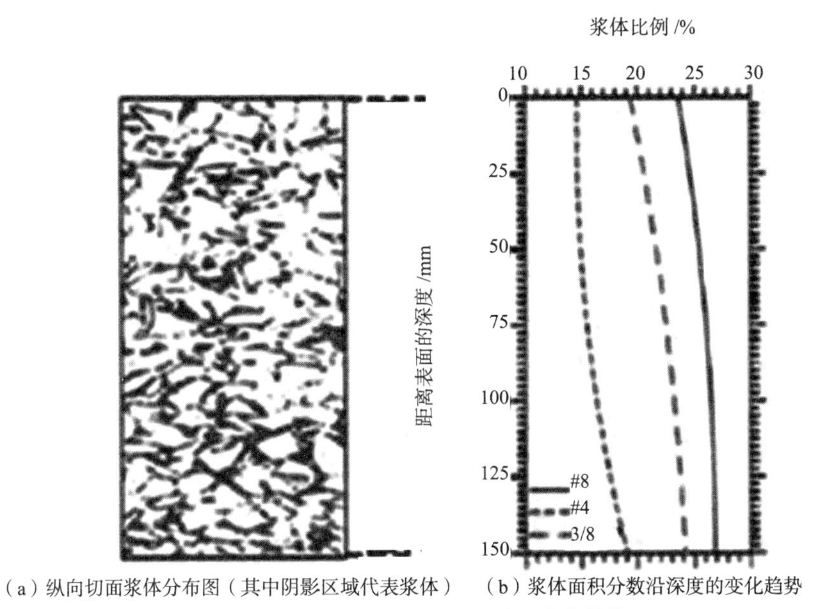

（a）纵向切面浆体分布图（其中阴影区域代表浆体）　（b）浆体面积分数沿深度的变化趋势

图 4-4　纵向切面浆体分布及变化趋势

4.1.3　应用分析

根据透水混凝土的特点及分析，将透水混凝土用于乌鲁木齐市区内的非机动车道、人行道（图 4-5）、停车场、公园改造、新建公园绿地等。作用方式是将其表面的水分通过自身和基层原地渗透或就近渗透至土壤中，从而维护局部地区的地下水位，净化水质，减小城市排水系统的排水负荷和低洼地区的雨水聚集。

图 4-5　海绵城市彩色透水混凝土路面

例如，当降雨发生时，初期雨水自然渗入透水混凝土路面上的面层孔隙中，当降雨量小于最小孔隙时，雨水蓄积在透水面层和透水基层中；当降雨量超出总孔隙时，透水路面就会产生地表径流，雨水汇入雨水口，进入雨水管网排走。透水混凝土路面透水和蓄水能力的决定因素是透水面层和基层的孔隙率。透水混凝土与雨水在自然状态下直接渗入土壤中不同，是将其存储在透水面层和透水基层中，但其存水能力有限，在一定程度上能够减轻不透水路面的弊端。公园的透水混凝土路面（图 4-6）配合下沉式绿地效果更佳，透水混凝土路面铺设可以结合 BIM 技术应用于工程设计。

图 4-6　公园中的透水性混凝土路面

4.2　透光混凝土

水泥基材料透光或导光功能是当前先进建筑材料领域的研究热点。透光或导光水泥基材料（以下统称为透光水泥基材料）是在水泥基材料原有组分基础上植入复合透光或导光组分，其中应用最为广泛的是将光纤类材料或树脂类材料作为透光或导光组分植入水泥基材料中，使水泥基材料成为具有透光或导光功能的先进建筑材料。透光混凝土可分为光纤透光混凝土和树脂透光混凝土。透光水泥基材料可以清晰地显现出物体轮廓或形状，起到透光显影的作用，给人以强烈的视觉震撼；同时，透光水泥基材料能够调节建筑物内的光线或亮度，满足节能减排的作用。

4.2.1　光纤透光混凝土

1. 制备工艺

采用光纤预先埋入方法，再浇注水泥基混合料。此方法的难点在于光纤的均布和固定，为将光纤有效、均匀、规则地分布在水泥基材料，科研人员自主设计了一种光纤均布装置，尺寸为 200mm × 200mm × 160 mm，即厚度方向为 160 mm（入光端至出光端为 160mm），光纤布置的设计间距为 3mm × 3mm。光纤均布装置主要由模具和配件两大部分组成，模具包括 1 块底板、2 块梳子状侧板、2 块竖排孔侧板，全部采用不锈钢钢板加工而成，配件包括锚固件、梭子、连接螺栓等构件，光纤均布装置实物图如图 4-7 所示。

图 4-7　光纤均布装置实物

（1）均布光纤

将光纤均布装置拼装成形后，按照所描述的工艺进行光纤布置，完成了光纤在水泥基材料中的有效布置和规整排列，达到设计的光纤布置密度 3mm × 3mm，并有效地固定和锚固光纤束。

（2）浇注成型

在预埋光纤的光纤均布装置和水泥胶砂三联模（用于测试未掺光纤试件的抗折、抗压强度）中分别浇注 4 组发光水泥基混合料，并在水泥胶砂振实台上振动 30s，使其密实。

（3）拆模养护

发光水泥基混合料在浇注成型 1d 后拆模，预埋光纤的光纤均布装置首先从端头切断光纤，然后依次拆除底板、竖排孔侧板、梳子状侧板。拆模后的透光混凝土及水泥基制品浸没在水中进行标准养护 28d。

（4）切割取样

将 28d 龄期的光纤透光水泥基材料按顺光纤方向进行切割成尺寸为 40mm × 40mm × 160mm 的试样，每组试样 3 条。

光纤透光水泥基材料中光纤端面面积占透光面面积的 2.18%，即光纤的体积分数为 2.18%。图 4-8 是本研究设计的光纤透光水泥基材料的透光效果图，其中图 4-8（a）为晚上的透光效果，图 4-8（b）为白天的透光效果。从图中可以看出，当光纤体积分数在 2.18% 时，发光透光水泥基材料的透光性足以满足采光要求，可以清晰地显现出物体轮廓或形状，起到了透光显影的作用。经分析，主要是发光透光水泥基材料利用了光纤的导光作用，即根据全反射原理将光能量限制在光纤中，光纤中纤芯的折射率大于包层的折射率，保证了光波沿纤芯传播。因此，理论上光纤透光水泥基材料的透光效果与试件厚度无关。可以根据需要设计不同光纤比例及形状，制备出呈现各种图案的光纤透光水泥基材料。

（a）晚上的透光效果

（b）白天的透光效果

图 4-8　光纤透光水泥基材料的透光效果

2. 性能研究

（1）光学性能

一般而言，透光混凝土的透光率与光纤的掺入体积成正比。研究者利用透射比对透光混凝土的透光率进行了研究，结果表明，透光混凝土具有较稳定的导光性能，导光率与光纤的掺入体积成正比。

研究者通过在混凝土中加入发光粉和透光粉实现混凝土的透光，提高透光率。研究发现，随着发光粉掺量的增加，发光透光水泥基材料的发光亮度增大，特别是对初始发光亮度有较大影响；随着透光粉掺量的增加，发光透光水泥基材料的余辉时间延长。

光纤对压力有一定的感应，因此在一定程度上反映了透光混凝土的内压力，这可以简化对透光混凝土内压力的检测。光纤光栅对应力应变的感应效果更加明显。研究者认为，当用于桥梁结构时，光纤的变化趋势与桥梁内部应力应变密切相关，因此，光纤光栅可以用于桥梁的安全检测系统，检测桥梁的应力应变。

（2）力学性能

光纤对透光混凝土的抗压强度具有一定的影响，随着光纤体积掺量的增加，混凝土的抗压强度逐渐降低，但不明显。在冻融循环的环境下，降低比例增加。一些学者认为，光纤的掺入对体系抗压强度的影响可以忽略不计。另有研究发现，光纤的掺入在一定程度上提高了水泥基材料的力学性能，抗折强度显著增加。这可能与光纤提高了体系的韧性有关，但对脆性影响不大。以上结果可能是由于水泥基体系的设计配合比不同造成的，因此，优化改进配合比设计，可以有效提高透光混凝土的力学性能。对光纤表面进行预处理，增加界面强度，能有效提高体系的力学性能。

（3）耐久性能

光纤的掺入对透光混凝土的耐久性能具有较大影响。随着光纤体积掺量的增加，混凝土的抗渗性降低。研究发现，碱性溶液对透光混凝土的侵蚀作用大于盐溶液。

（4）界面性能

研究者采用硅酸盐水泥制备透光混凝土，通过扫描电镜等微观测试手段观测透光混凝土的界面性能。透光混凝土水泥浆体与光纤接触面的水化产物晶体主要是水化硅酸钙和氢氧化钙。经过涂抹界面改性剂的光纤与水泥浆体的界面产物不变，但能改变水化产物水化硅酸钙的相位，界面改性剂的掺入能提高光纤与水泥基材料的粘结性能，以及整体的力学性能。

4.2.2　树脂透光混凝土

1. 制备工艺

树脂透光水泥基材料（Resin Light Conductive Cementitious Materials，简称 RLCCM）

是以水泥或水泥砂浆为基体，植入透光树脂作导光组分制备的具有透光显影、采光节能等功能的先进建筑材料。在树脂导光水泥基材料中，透光树脂的性能以及导光结构的设计对树脂导光水泥基材料的透明度具有重要影响。透光树脂的性能：透光树脂的透光度为 85% ~ 95%，耐酸碱。导光结构采用透光树脂制备，其设计包括透光树脂的分布、形状和尺寸、比例、厚度等参数：①分布：透光树脂在树脂导光水泥基材料中的整体分布可分为均匀分布或按文字、图形分布两种；②形状和尺寸：透光树脂采用 50mm × 5mm 的长方形或 ϕ 10mm 的圆形；③比例：根据树脂导光水泥基材料透明度的需求，透光树脂的面积比例为 15% ~ 30%；④厚度：透光树脂的厚度会影响树脂导光水泥基材料的透明度，最佳厚度在 20 ~ 50mm 之间。

图 4-9 是树脂导光水泥基材料设计图。树脂导光水泥基材料的尺寸为 500mm × 500mm × 30mm，其导光结构设计参数为：在长度方向每排设置 8 个或 7 个长方形孔，在宽度方向共设置 16 排 8 个长方形孔和 16 排 7 个长方形孔，长方形孔的排列方式为交错排列，每个长方形孔的大小为 50mm × 5mm，孔横向间隔和竖向间隔均为 10mm，孔的厚度 30mm。

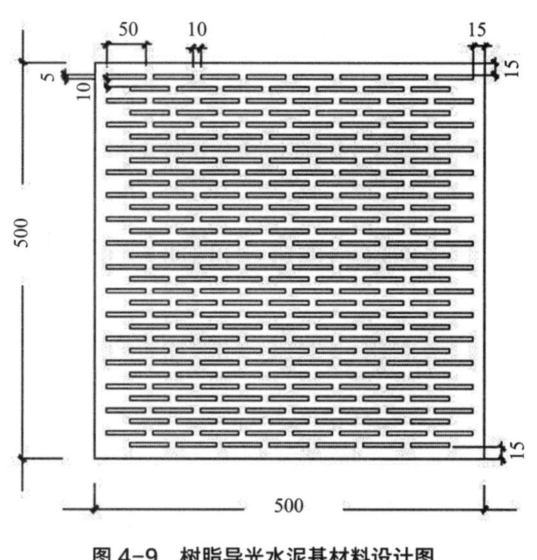

图 4-9　树脂导光水泥基材料设计图

通过计算可得，孔面积占树脂导光水泥基材料面积的比例为 24%，也就是说，理论上该树脂导光水泥基材料的透明度为 24%。

采用预制先植法制备树脂透光水泥制品，按以下步骤进行：

（1）透光率大于等于 90% 的树脂、引发剂、促进剂按比例配制透光树脂，将透光树脂浇入硅胶模具（图 4-10）中，待其硬化后拆模，形成预制透光树脂单元（图 4-11），由上下面的透光单体与连接上下面透光单体的连接板组成一个整体；

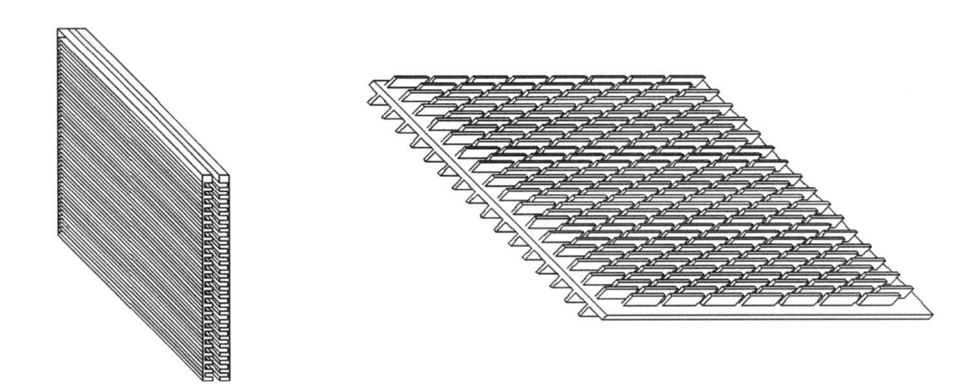

图 4-10　预制透光树脂单元的硅胶模具　　　　图 4-11　预制透光树脂单元

（2）在预制透光树脂单元表面涂刷界面改性剂，增强界面与水泥砂浆基体的粘结性能，提高树脂透光水泥制品的力学性能；

（3）将预制透光树脂单元放入制备树脂透光水泥制品的钢制模具（图 4-12），配制自密实水泥砂浆并浇入模具中，待其达到一定强度后拆模，最后经抛光打磨，即可制备出树脂透光水泥制品（图 4-13）。

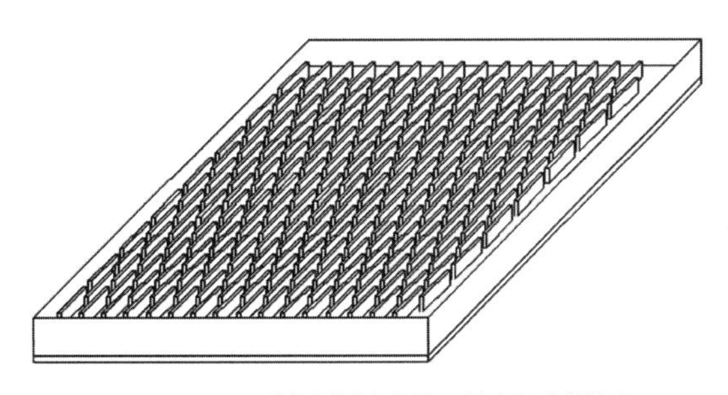

图 4-12　预制透光树脂单元放入钢制模具

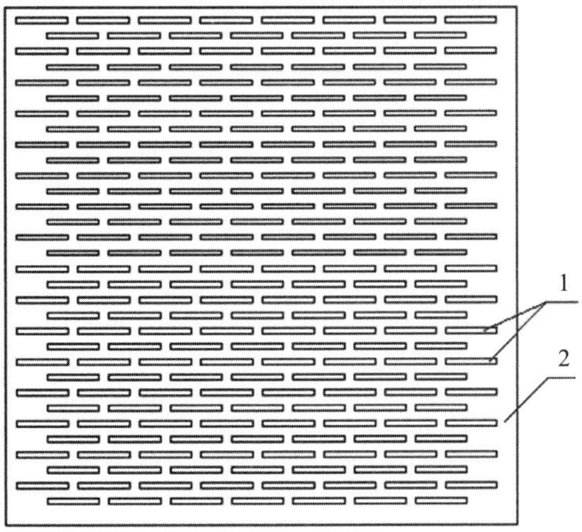

1- 预制透光树脂单元；2- 水泥基体

图 4-13　树脂透光水泥制品

2. 应用分析

图 4-14（a）、（b）和图 4-15（a）、（b）分别为：采光方式为普通窗口的房间和自清洁树脂透光水泥板用作室外墙体的房间在全阴天模型下房间内距地面 1m 平面上的热学环境分析采光模拟云图。

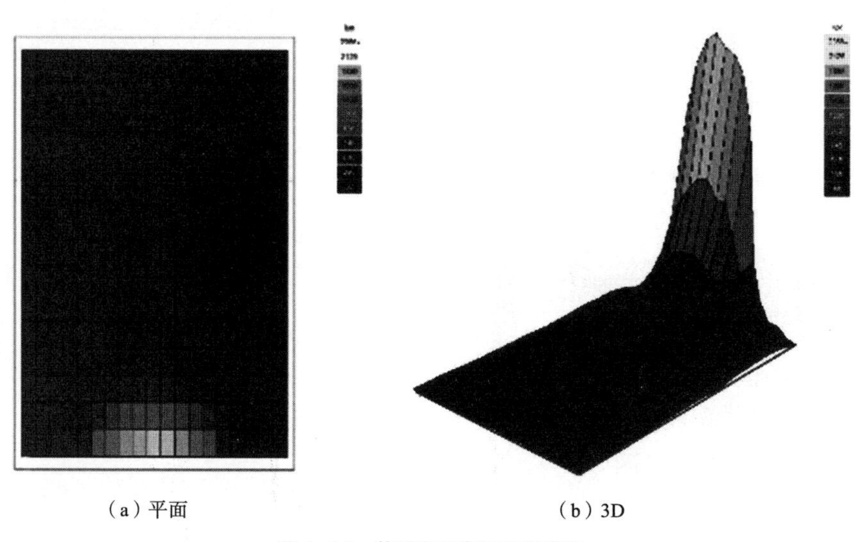

（a）平面　　（b）3D

图 4-14　普通窗口房间采光模拟

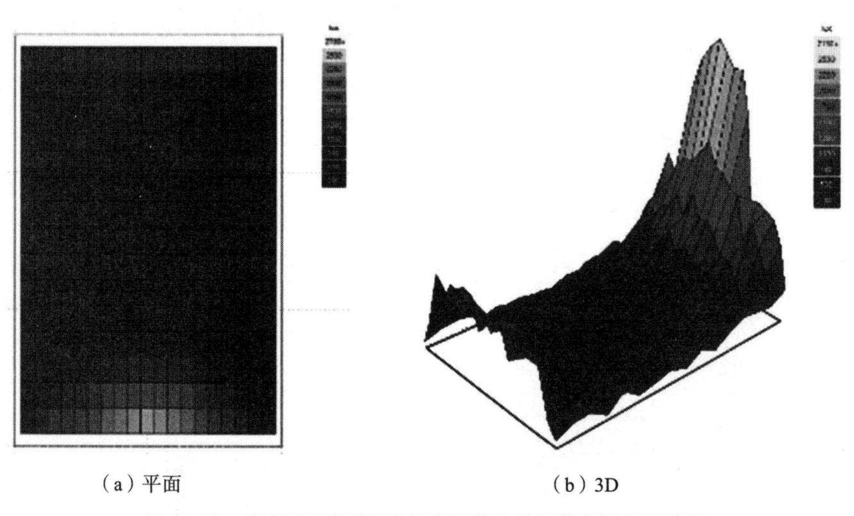

（a）平面　　（b）3D

图 4-15　自清洁树脂透光水泥板用作室外墙体房间采光模拟

由图 4-14（a）可知，墙体未安装自清洁树脂透光水泥板的房间，采光效果较差，在南昌市Ⅳ类光气候环境室外临界照度为 4500lx 的情况下，大部分节点照度值都未达到 300lx，进深较深的房间内部最低照度只有 56.44lx。由图 4-14（b）可知，靠近窗户部分照度较高，房间内采光均匀性较差，照度在 300lx 以上的节点只有 43 个，即房间内只有 1/8 的位置可以达到《建筑照明设计标准》GB 50034—2013 中规定的 300lx 的对居住建筑的书写、阅读的最低采光要求，其他节点需使用人工照明装置达到最低照度标准。由图 4-15（a）可知，在安装自清洁树脂透光水泥板墙体的房间，全部节点的照度值基本上都在 300lx 以上，满足标准规定的书写、阅读的最低采光要求。由图 4-15（b）可知，除靠近窗口位置照度较高外，房间内照度分布均匀性得到了充分改善。

用作室内隔断的采光效果。图 4-16（a）、（b）和图 4-17（a）、（b）分别为普通隔断房间和自清洁树脂透光水泥板用作室内隔断的房间在全阴天模型下房间内距地面 1m 平面上的热学环境分析采光模拟云图。

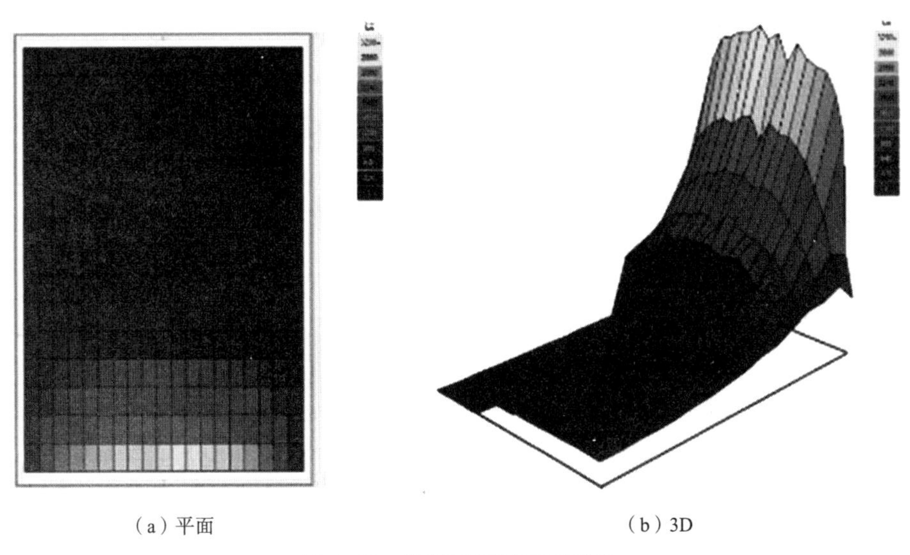

（a）平面　　（b）3D

图 4-16　普通隔断房间采光模拟

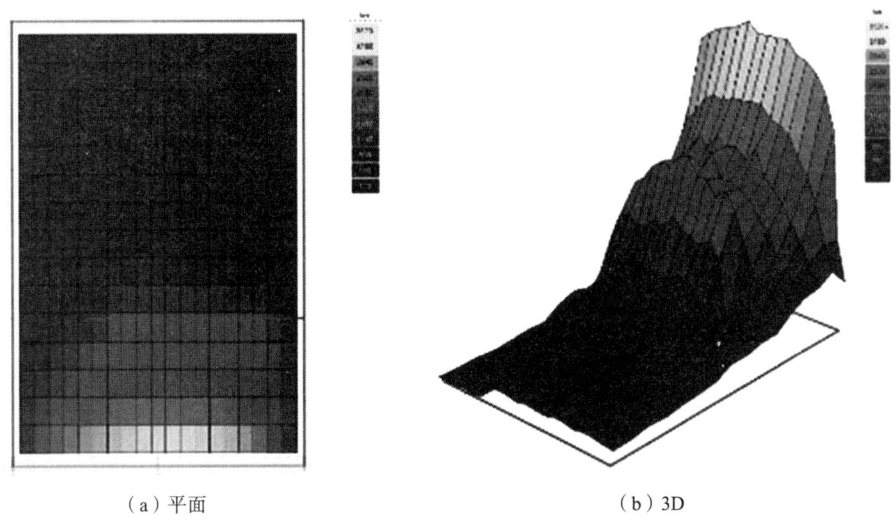

（a）平面　　（b）3D

图 4-17　自清洁树脂透光水泥板用作室内隔断房间采光模拟

由图 4-16 可知，在南昌市Ⅳ类光气候环境室外临界照度为 4500lx 的情况下，安装普通不透光隔断的房间隔断后角落部分三角区域内采光效果较差，采光照度基本为 0，有明显暗角。节点照度未达到 300lx 的约为 140 个，需使用人工照明才能达到最低 300lx 的照度。由图 4-17 可知，在更换自清洁树脂透光水泥板隔断后，进深较深处部分节点未达到 300lx，但采光效果大幅改善，暗角消失，最低照度达到 124.58lx，未达到 300lx 的节点只有 50 个，全部区域满足《建筑照明设计标准》GB 50034—2013 人类一般活动的最低照度要求，部分区域未达到书写、阅读的最低采光照度 300lx。

图 4-18 是自清洁树脂透光水泥板实物图，由自密实水泥砂浆、透光树脂和疏水表层构成，其中透明树脂组分起到透光作用，疏水表层起到自清洁作用。由图中可知，自清洁树脂透光水泥板具有良好的透光显影效果，起到采光节能的作用。其中，实测两种疏水涂层透光树脂组分透光率均达到 90%，SS-02 疏水涂层的透光树脂组分透光率略高于 NC319。采用现场观察，结合前述的透光率或透明度测试，以及 Radiance 软件模拟视觉效果，可以定性定量地评价自清洁树脂透光水泥板的透光显影效果。

图 4-18　自清洁树脂透光水泥板透光显影效果

4.3　透明木材

木材是具有无毒、可降解、低密度、高弹性、低导热系数、抗压性能优异等特性的天然材料；自然生长形成的独特结构使其具备优异的力学性能，因而成为一种良好的结构材料，广泛应用于木艺制品、家具以及室内装饰、建筑结构等。木材可再生、易降解，是绿色环保材料，符合当下的可持续发展理念。采用聚甲基丙烯酸甲酯（PMINA）、环氧树脂、聚丙烯酰胺（PAM）和聚乙烯醇（PVA）等聚合物浸渍脱木质素木材可制备透明木材，它是一种具有高强度、高韧性、隔热性良好、透光率优异等特点的新兴材料，与其他透明建筑材料（如玻璃）相比，热导率较低且减少了光的散射，可以作为玻璃的替代物。本节所阐述的内容为木材的高值化及功能化应用研究提供了参考。

4.3.1 制备工艺

天然木材呈现的不透明性主要源于材料内部有色物质的吸光性和折射率失配。木质素、叶绿素、单宁等有色物质的存在使木材具有吸光性，同时纤维素、木质素、空气的折射率分别为 1.53、1.61、1.00，差异较大，会产生大量折射和散射，因此透明材料的制备需要对有色物质漂泊处理、脱水处理和填充折射率相近 1.53 的聚合物，涉及脱木质素木模板制备和折射率相匹配树脂的浸渍。

脱除木素主要针对木素苯环的苯醌结构和侧链的共轭双键，最终破坏芳香环生成小分子的羧酸和 CO_2。通过亚氯酸钠、氢氧化钠、亚硫酸钠、过氧化氢等溶液蒸煮漂白可以大幅度降低木素含量，均可控制在 3% 以下，木素脱除效果显著。脱木素进程中，会存在废液、有毒气体排放和能源消耗等一系列负面效应。

1. 酸法脱木质素

近年来大多数文献阐明了这一方法：配置一定浓度的次氯酸钠溶液，滴加冰醋酸或氢氧化钠调节溶液 pH 值至 4.6 左右，接着将木材样品置于溶液中水浴加热一段时间，进行木质素的脱除，待木片从深色变白，最终获得木模板。这一过程会产生有害气体，可以通过离子水和双氧水加热、洗涤处理进行优化。

2. 碱法脱木质素

大多采用氢氧化钠与亚硫酸钠两种溶液混合处理木材样品。常见的方法为：配置氢氧化钠 2.5mol/L 和亚硫酸钠 0.4mol/L 的混合溶液，将木片浸入该溶液中，在保持沸腾的状态下处理 12h，然后在热蒸馏水中冲洗 3 次，以去除大部分化学物质，接着将木材置于 2.5mol/L 的双氧水漂白溶液中煮沸，待样品发白时取出，并用冷水冲洗，最终得到木模板并保存于无水乙醇中。通过 KOH（氢氧化钾）溶液代替 NaOH 溶液，可优化废液转化为复合钾肥。

3. 生物酶法脱木质素

主要采用生物酶降解木质素，以达到脱色的目的，相对于化学方法对环境更加友好。其缺点在于生物酶制备困难，且对温度敏感，虽然反应迅速，但不宜大规模制备。有试验研究通过生物酶脱木质素：将干燥后的样品、纯水、生物酶及冰乙酸（样品与水的质量比为 1∶30 ~ 1∶40）充分混合，调节 pH 值为 3 ~ 5，添加微量过氧化氢（为样品质量的 4%），处理温度为 35 ~ 50℃，时间 1 ~ 2h，之后用去离子水冲洗，再将样品用 30wt% 的双氧水和 25wt% 的氨水以体积比 15∶1 提取，提取后的样品用去离子水冲洗并用超声抽提脱水，即获得木模板。

采用硅酸钠、氢氧化钠、硫酸镁、丙烯醛和过氧化氢混合配置木素改性溶液，实现了反应木素发色基团并保留木素达 80% 的目的。这种环境友好型的方法也证实了，制备透明木材并非大幅度地脱除木素，仅移除发色基团对于紫外敏感的残余木素的光学稳定性仍然具有潜在的隐患。

用上述方法制备出木质板之后，需要采用提前准备好的填充物浸泡，以获得透明木材。若要提高透明木材的透光率，则浸渍过程中使用的树脂折射率应尽可能与纤维素折射率相匹配，目前常用的填充物有以下几种。

甲基丙烯酸甲酯（Methyl Methacrylate）是较为常见的填充树脂，其折射率为 1.490，而木模板内纤维素的折射率为 1.530，两者相近。通常试验会先用碱液去除纯 MMA 单体内部的阻聚剂，然后将纯 MMA 单体在 75℃的水浴中预聚合，其中以 0.35 wt%的偶氮二异丁腈（AIBN）作为引发剂。约 15min 后将预聚合的 MMA 溶液在冰水浴中冷却至室温，以终止反应。接着，将木材样品浸入树脂进行真空浸渍至充分润湿。最后，将木材装夹在模具中，并置于烘箱加热，以完成进一步的聚合反应。

环氧树脂折射率为 1.500 ~ 1.530，是与木模板折射率相匹配的树脂。

聚乙烯醇（PVA）是一种低成本、无毒、可生物降解的水溶性聚合物，在水中具有低黏度、优异的成膜性、韧性和透明度，折射率为 1.48。

聚乙烯吡络烷酮（PVP）具有光学透明性，在乙醇中黏度相对较低，对纤维素具有良好的润湿性。这些特性使该树脂能够完全渗透于木材微孔中，且 PVP 与木材纳米纤维相似，具有环保性和可生物降解性。

对于树脂，我们不仅要求其折射率与木模板高度匹配，而且注重其本身的环保性、可降解性与机械强度。与此同时，不断改进木模板，使之与树脂有更好的协同作用。通过各种化学方法或表面改性的方式缩小木模板与树脂间的界面间隙，从而获得较高的透明度。例如，乙酰化的木材细胞界面与树脂的相容性匹配，或采用硅烷偶联剂改性树脂，进而填充脱木质素木模板。

4.3.2 透明机理

透明木材通常由脱木质素木模板浸渍与之折射率相匹配的树脂制备而成。2016 年，瑞典皇家理工学院和美国马里兰大学等发表的关于透明木材的研究成果显示：新型的透明木材透光率高、雾度高、机械性能优于原木，且木材原本的各向异性降低，兼具玻璃的透明且导热性低、节能、环保、易降解。制备样品如图 4-19 所示。

相较于透明木材，天然木材之所以呈现色彩，主要源于其木质素、单宁和微量树脂化合物的存在。这些化合物，尤其是木质素，在可见光谱区 380 ~ 780nm 波长处吸收强烈光，是木材发色的根本原因；而纤维素和半纤维素呈光学透明，约占木材总质量分数的 70%，使透明木材的制备成为可能。纤维素和木质素同为构成木材细胞壁的主要化学成分。木材具有非透明性，上述木质素及抽提物等化学成分造成木材在可见光范围内产生明显的光吸收与光散射，使木材呈非透明性且具有某种颜色，同时，木材的天然构造使其含有让可见光产生显著光散射的介孔通道。当光线照射原木时，部分光被反射，部分光被木材自身吸收，还有部分光发生散射，这是由于木材的主要化学成分（如纤维素等）与木材孔隙（介孔通道）内空气的折射率不相近造成的。

木材中含有不同折射率的成分是导致其非透明的直接原因，故在木材孔腔中应填充与之折射率相近的树脂使木材透明。当木材脱除木质素或其他发色物质，其留有的空隙（包括内部通道）被与纤维素折射率相近的树脂浸渍填充后，进入的光线绝大部分能通过，仅发生较弱的光散射现象，因而使其具有较高的透光率，由此获得透明木材。

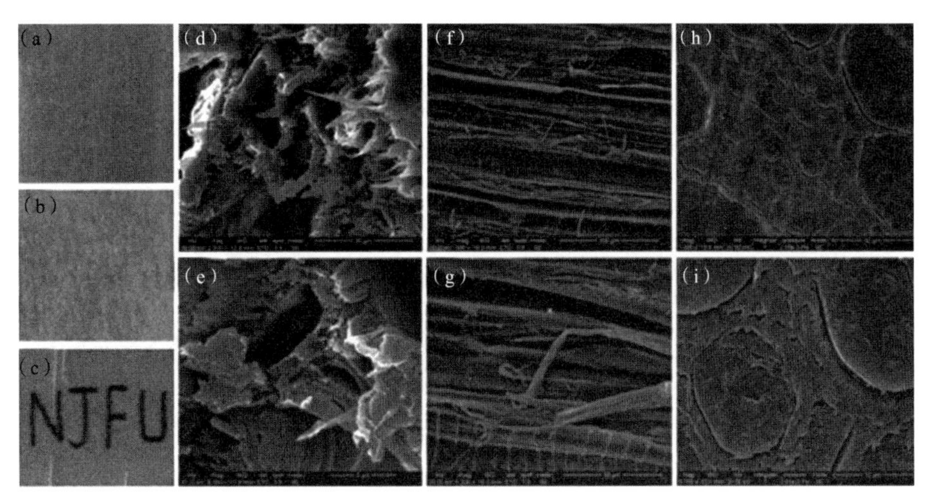

图 4-19 木材样品外观及电镜图

4.3.3 应用分析

1. 光学器件

透明木材具有的高透光率、高雾度、低密度、低导热性和良好的机械强度等特性，使其在太阳能电池窗、磁光应用、节能应用、绿色 LED 照明设备、防伪设施等方面具有广阔的发展前景。2017 年，有学者将聚甲基丙烯酸甲酯基质（PMMA）和磁性四氧化三铁（Fe_3O_4）纳米颗粒填充到脱木质素木材模板中，制备出透明磁性木材（TMW），由此制备的 TMW 具有适中的透明度和磁性，以及优异的机械性能。得到的 TMW 在可见光下透明，透光率为 63%，并且饱和磁化强度为 0.35emu/g。该材料拉伸强度优异，制造工艺简单，环保，低成本，因而成为光传输磁性建筑和电子设备的理想选择。2019 年，用改性的掺杂锑的氧化锡（ATO）纳米颗粒渗透预聚合的甲基丙烯酸甲酯，所获得的 ATO/TW（透明木材）表现出高透明度、优异的近红外热屏蔽性能和紫外屏蔽性能。同年，有学者首次成功地将低温（< 150℃）处理的钙钛矿太阳能电池直接组装在透明的木质基底上，且功率转换效率可达 16.8%。这项新型成果为太阳能电池

与透光木质建筑结构的集成发展奠定了重要基础。

2. 住宅建筑

随着经济与科技的高速发展，人们开始重视可持续设计在居住环境与住宅建筑方面的应用，讲究“绿色”建筑、节能住宅。2017 年，学者们发现，将有机染料分子嵌入透明木材，可增强木材的激光性能。以下为被染色的透明木材（图 4-20）。具有激光性能的透明木材是概念上的新型激光器，其中，每根纤维素纤维作为微小的谐振器进行光学反馈，因而，输出辐射是每根纤维素作为个体谐振器的集体作用。该透明木材展现了优异的近红外（波长为 780 ~ 2500nm）屏蔽功能。透光率达 86%，雾度达 90% 的透明木材替代玻璃用于隔热窗的材料，既可以提供全天照明，又可以保护隐私，对近红外的屏蔽有利于降低住宅建筑对空调等能源的损耗，节能减排。

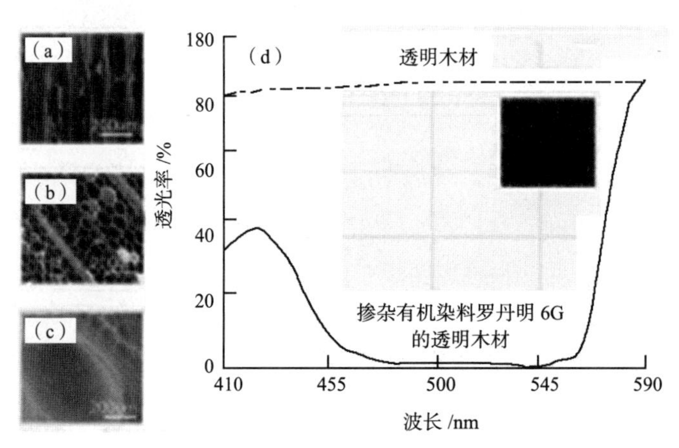

图 4-20 透明木材透光率

3. 装饰材料

透明木材也是一种优异的功能型装饰材料，为了增强研究的实用性，同时有效展示家居装饰材料的种类，采用多种不同密度但较为常见的树种，通过用折射率匹配的预合甲基丙烯酸甲酯直接浸渍木材的细胞腔间隙制备透明木材。在此过程中保留了木质素，使得透明木材制备过程缩短；为了达到节能目的，保证制得的透光木材不仅透光，而且保留天然木材的色泽和纹理，首先将脱木质素木模板浸渍于树脂中，然后弯曲塑型，再固化获得一种高曲率透光木材。木材的曲面稳定且具有优异的机械性能，透光率可达 85% 以上，该技术为透明木材在功能性装饰材料方面的应用提高了塑型能力。

4. 透明磁性木材

随着无线通信技术的快速发展，电磁波干扰和辐射对电子设备、信息安全、身体健康的影响越来越大，因此，人们对电磁屏蔽和吸收材料的需求日益趋增。通过在聚合填充材料中增加磁性材料，能有效提高透明木材的磁性。对于常见且性能较好的磁性材料，Fe_3O_4 在电磁屏蔽领域具有很高的应用价值。将指数匹配的 MMA 聚合物和 Fe_3O_4 纳米颗粒填充进脱木素木材，随着 Fe_3O_4 含量的增加，透射率和机械强度性能减少，Fe_3O_4 为 0.1wt% 的透明木材，透射率为 63%，饱和磁化强度 0.35emu/g（如图 4-21 所示）。具有拉伸强度优异、制造工艺简单、环保、低成本等优点，因而该材料成为光传输磁性建筑和电子设备的理想选择。

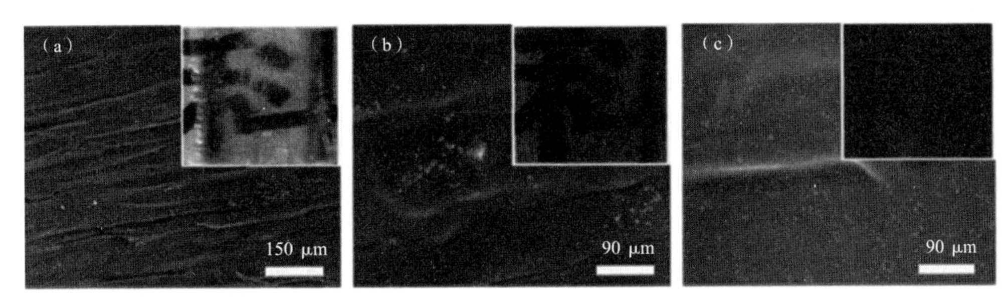

图 4-21 四氧化三铁为 0.1wt% 木材样品的 SEM 俯视图照片

此外，考虑到提升木材的电磁屏蔽和吸收性能，通过制造脱木质素木材气凝胶与 $Ti_3C_2T_x$ 纳米材料组装，可得到 MXene@Wood（M@W）纳米复合气凝胶。气凝胶因其高孔隙率、独特的 3D 骨架结构和超低密度，是电磁干扰屏蔽和吸收材料的理想候选材料。

将 $Ti_3C_2T_x$ 纳米片组装到木材气凝胶中，得到一种新型的超轻、高度透明的可压缩各向异性 MXene@Wood（M@W）纳米复合气凝胶（$0.108g/cm^3$）材料，并测试不同方向的电磁屏蔽和电磁吸收性能。

通过调节 $Ti_3C_2T_x$ MXene 负载，M@W 气凝胶达到惊人的高型复合抗电磁干扰屏蔽效果，平行生长方向的反射率为 72dB，同时在垂直生长方向有效吸收带宽变宽，涵盖 8.2 ~ 12.4GHz。如图 4-22 所示，与其他聚合物气凝胶相比（PPy/wood、Sugarcane carbon 等），在同质量的密度下，复合材料 MXene@Wood（M@W）纳米复合气凝胶具有更优异的电磁干扰性能。

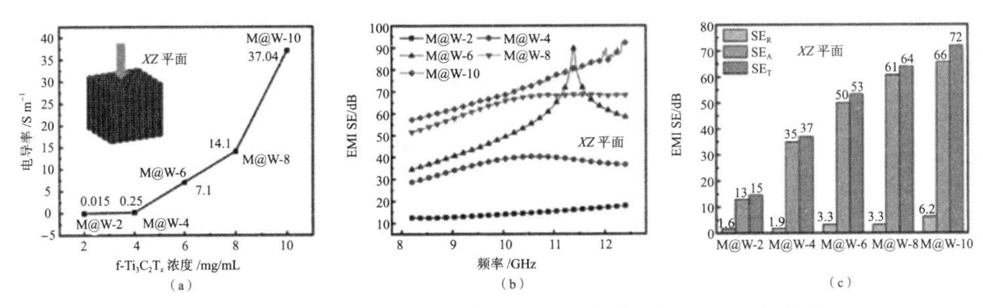

图 4-22 M@W 纳米复合气凝胶的电导率和电磁干扰（EMI）屏蔽效率

在平行生长方向 M@W 纳米复合气凝胶表现出强电磁干扰屏蔽性能，这是由于纳米复合气凝胶的微观结构各向异性所致。由于 M@W 气凝胶呈通道状的微结构，导电网络易于平行生长方向构建，导电网络导电性较高（37.04S/m），衰减能力更强，EMI 屏蔽性能优越（72dB）；而由排列的 $Ti_3C_2T_x$ 和纤维素组成的层状屏障不利于垂直生长方向上导电路径的形成，导致导电率较低（2.2S/m），EMI 屏蔽性能略弱（40.7dB）。正是由于垂直生长方向上的层状屏蔽结构，使电磁波进入 M@W 气凝胶时，电磁波能量通过极化松弛和传导损失转化为热能，表现出强电磁吸收性能。

4.4 电磁屏蔽混凝土

混凝土是建筑工程中最为常见的一种建筑结构材料，具有隔绝外部环境对室内的各种不良影响、价格低廉、物理力学性质稳定等优点，钢筋混凝土结构往往用作建筑的承载结构。电磁屏蔽混凝土是在混凝土原有基础上赋予电磁屏蔽功能产生的多功能混凝土。当前，电磁屏蔽混凝土的研究主要集中在新型复合抗电磁干扰（EMI：Electro-Magnetic-Interference）混凝土、纳米抗 EMI 混凝土、六角抗 EMI 混凝土、多层片式滤波器中使用的低温烧结 NiZnCu 铁氧体混凝土。电磁屏蔽材料主要有铁磁、良导体、复合三类，作为水泥基材料，混凝土的导电性能弱，传统的硅酸盐混凝土围护结构对电磁波的防护能力较差。对混凝土进行改性，使建筑结构具有一定的电磁屏蔽性能，具有重要的意义和价值。

4.4.1 制备工艺

金属填充材料分为金属粉末、金属纤维和金属合金。

1. 还原铁粉掺入混凝土的电磁屏蔽和吸波特性

试验表明，常规混凝土的电磁波反射率平均为 −7 ~ −8dB，掺入还原铁粉后试验反射率提高至 −4 ~ −5dB，并且随着掺量的提高，材料的反射率逐渐降低，说明铁粉的掺入能增加电磁波反射率，但效果不是很明显；在提升电磁波透射率方面，与反射率试验相比，增益效果较为显著，但随着还原铁粉的不断增加，透射率趋于比较稳定的状态，在掺量 300kg/m^3 时，铁粉掺杂的混凝土电磁波透射率仅是素混凝土 3 倍左右。

掺杂还原铁粉的混凝土能够在较宽频带上吸收低频段的电磁波，增强了电磁屏蔽性能，在提高电磁波的反射率方面，效果尤其明显。

为了表征电磁屏蔽混凝土的吸波性能，计算了不同吸波厚度下电磁屏蔽混凝土的反射损失（*RL*），如图 4-23 所示。可以看出，电磁屏蔽混凝土的电磁波反射损耗值在 2 ~ 18GHz 的频率范围内没有达到 −10dB，电磁屏蔽混凝土的电磁波反射损耗值达到 −20.73 dB。结果表明，单一电磁损耗机制的电磁屏蔽混凝土的吸波性能不高，而铁粉的加入大大提高了这一性能，缘于介质损耗和磁损耗的协同作用。

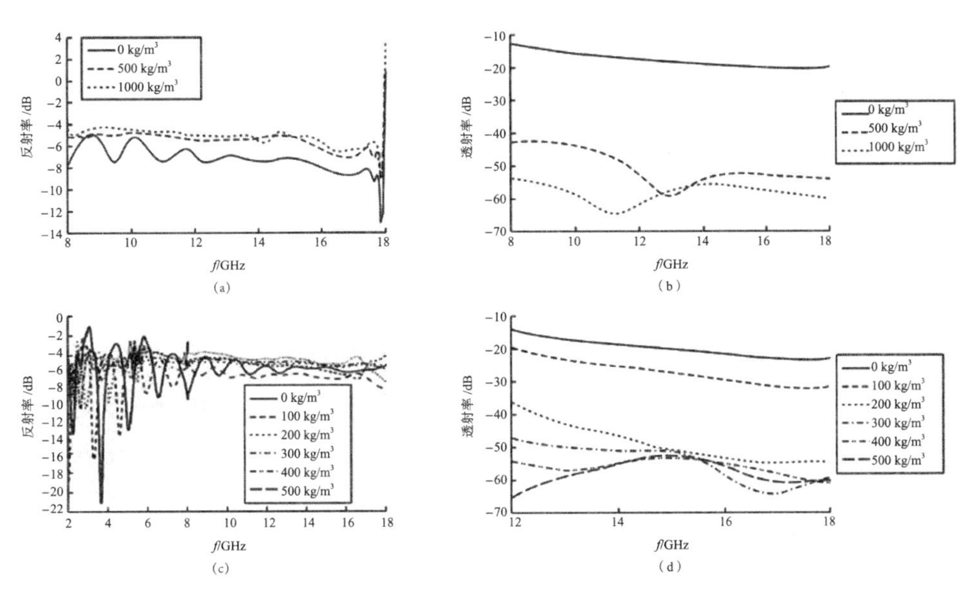

图 4-23　不同铁粉掺量下混凝土试件的电磁反射率、透射率曲线

电磁屏蔽混凝土是改进混凝土得到的一种防护或遮挡电磁波的混凝土，通过在混凝土中掺入微胶囊达到电磁屏蔽的目的。如图 4-24 所示，当吸波厚度为 3mm、4mm 和 5mm 时，电磁波反射损失峰值分别为 3.562dB、2.665dB 和 2.832dB，对应频率分别为 15.84GHz、12.56GHz 和 9.44GHz。当 W/S 电磁屏蔽混凝土吸波厚度为 3mm、4mm 和 5 mm 时，电磁波反射损失峰值分别为 5.249dB、5.310dB 和 5.291dB 对应频率分别为 12.56GHz、9.36GHz 和 7.44GHz。结果表明，铁粉掺杂使电磁屏蔽混凝土的吸波峰向低频微波方向移动，且掺杂铁粉的电磁屏蔽混凝土具有较好的低频微波吸收特性。从图 4-24 可以看出，反射损耗的峰值随着吸波器厚度的增加，由高频微波向低频微波偏移。

2. 钢纤维填充混凝土

分析钢纤维对混凝土电磁屏蔽效能的影响，并与碳纤维的作用进行比较。钢纤维的掺入同样能增强混凝土的电磁屏蔽效能，且随着钢纤维体积分数的增加，电磁屏蔽效能增加，在高频率（2 ~ 10GHz）下增益效果更为明显（图 4-25）。

3. 碳填充混凝土材料

碳填充材料：主要通过提高反射损失 R_{dB} 值达到电磁屏蔽效果。普通碳填充材料有普通碳材料（石墨、焦炭、碳黑）、碳纤维等。

分别用这些碳材料填充混凝土，研究其电磁屏蔽性能，发现在 100kHz ~ 1.5GHz 的低频下，碳纤维填充材料的电磁屏蔽性能优于其他碳材料，最大屏蔽效能达到 40dB。

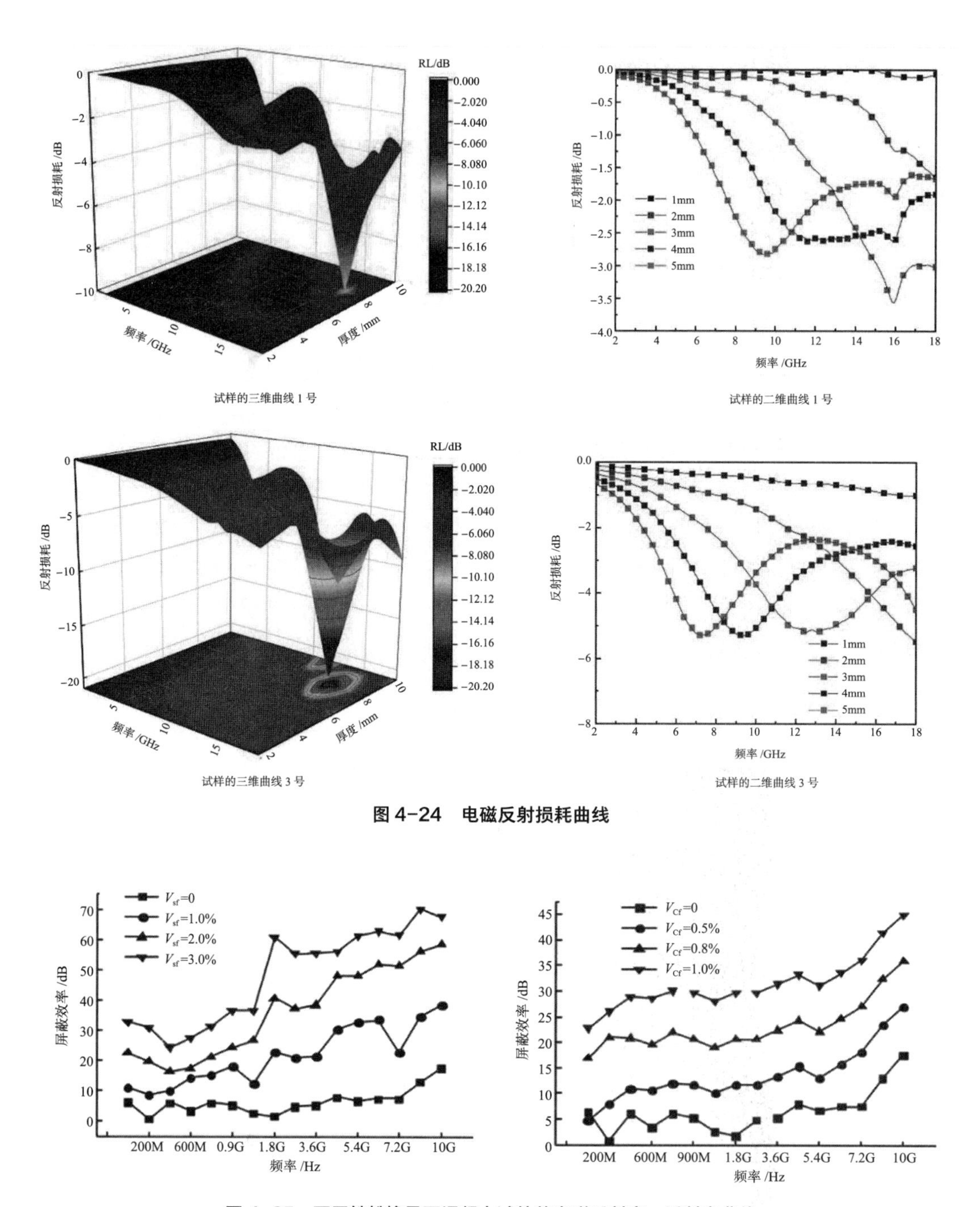

图 4-24　电磁反射损耗曲线

图 4-25　不同铁粉掺量下混凝土试件的电磁反射率、透射率曲线

在此基础上通过不同掺量的碳纳米纤维对混凝土屏蔽效能进行分析（图 4-26）。试验表明，在较低的频率（30MHz ~ 2GHz）下，碳纳米纤维对混凝土电磁屏蔽性能影响不大，改善效果不明显；然而在高频率（2 ~ 18GHz）下的增益效果显著，其中试验样品碳纳米纤维最大含量为 0.5%。在高频率下拥有较高电磁屏蔽效能，有望用于国防和军事领域。

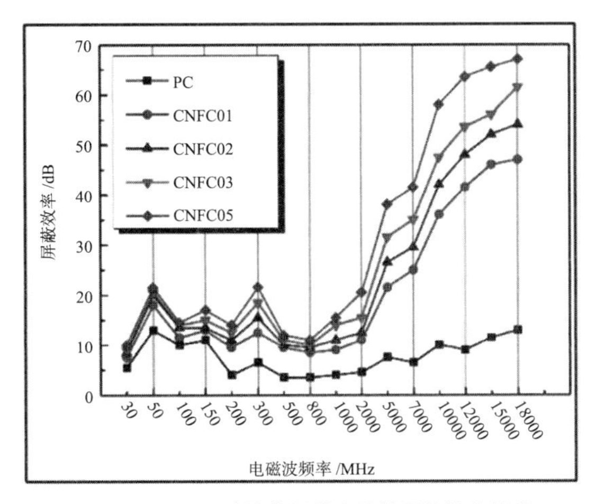

图 4-26　不同碳纳米纤维含量的屏蔽效率性能

通过填充各类材料增加混凝土的电磁屏蔽性能，不同的填充材料所达到的增益效果具有差异。

4.4.2　电磁屏蔽机理

混凝土电磁屏蔽材料的主要目的是防止电子设备电磁波超出产品边界，对外部发生辐射和防止外部电磁波对电子设备的干扰，防止射频设备对其他数字设备的干扰。屏蔽效能（*SE*）可分为三项的和表示，分别为反射损耗 R_{dB}、吸收损耗 A_{dB} 和多次反射损耗 M_{dB}。屏蔽效能以分贝（dB）为单位：

$$SE_{dB}=20\lg\left|\frac{E_i}{E_t}\right|=R_{dB}+A_{dB}+M_{dB} \tag{4-1}$$

式中　E_i、E_t——入射电场和折射电场；

$R_{dB}=10^6+10\lg(\sigma_r/f\mu_r)$——电磁波的反射损失；

$A_{dB}=20\lg[\exp(-t/\delta)]$——电磁波的吸收损失；

$M_{dB}=20\lg[1-\exp(-2t/\delta)]$——电磁波的多重反射，其中 $\delta=(1/\pi\mu\sigma f)^{1/2}$。

由式（4-1）可知屏蔽性能与材料的导电性和电磁参数有关，电磁参数包括介电常数 ε 和磁导率 μ，均以复数的形式表示：

$$\varepsilon=\varepsilon'-j\varepsilon''，\tan\delta_\varepsilon=\frac{\varepsilon''}{\varepsilon'} \tag{4-2}$$

$$\mu=\mu'-j\mu''，\tan\delta_\mu=\frac{\mu''}{\mu'} \tag{4-3}$$

其中介电常数和磁导率实部表示电磁的储存能力，虚部表示电磁的耗散能力，一般用介电损耗正切和磁损耗正切表示损耗能力。屏蔽的首要机制是反射，其次是吸收，最后是多重反射。电磁波的反射需要运动电荷载体（自由电子或空穴），要求屏蔽体具有一定的导电性，但电导率不是屏蔽性能的判断标准。屏蔽对导电通路不作要求，但良好的导电通路能够增强屏蔽效能。反射损耗是材料相对电导率和相对磁导率比值的函数，它随着电磁波频率的增加而降低。电磁波的吸收是电偶极子和磁偶极子的综合作用，电偶极子来自高介电常数材料，磁偶极子来自高磁导率材料。吸收损耗是材料相对电导率和相对磁导率乘积的函数，它随着电磁波频率的增加而增加，也随着材料厚度的增加而增加。多重反射要求材料具有大的表面积和接触面积，当反射面或接触面大于屈服深度时，多重反射损耗可以忽略。

混凝土作为一种常见的建筑材料，由于导电性很弱，可以通过引入导电填料使其具有电磁屏蔽和吸收性能。目前，一般的填充材料采用碳填充和金属填充。

4.4.3 应用分析

电磁屏蔽多功能混凝土在军事上可用于防护工事，防止核爆炸电磁杀伤、干扰和常规武器杀伤、干扰的电磁屏蔽防护；也可用于军事、民用电磁信号、泄漏失密的电磁屏蔽防护和民用电磁污染限定在一定范围内的电磁防护。在现代城市中，高层建筑林立，易造成电磁波的多次反射，发生干扰。在将来城市高级商品房的开发上，用屏蔽混凝土薄板内外装饰的兼具电磁污染防护和室内电磁信号泄密失密防护功能的商品房将具有较好的发展潜力。

另外，电磁屏蔽多功能混凝土还可用于发射台（电视台、电台）基站、微波站、高压线下建筑物等。据统计，如果每个县至少有一个电视台或电台，全国电视台和电台的总数至少在10000单位以上。如果开发出的电磁屏蔽混凝土能够得到广泛应用，将会带来极大的经济效益。

更重要的是，虽然我国的国民经济发展迅速，综合国力空前提高，但与发达国家相比，仍存在着一定的差距，发达国家可以凭借其拥有的高科技，窃取我国的经济和军事机密，这就需要我们采用相应的措施保护关系到国家经济和安全利益的各种机密。电磁屏蔽多功能混凝土不仅有益于人们的身体健康，带来重大的经济和社会效益，而且对保护国家机密和利益有重大意义。

4.5 吸声混凝土

噪声成为逐渐引起各国政府和科技人员重视的当今世界三大污染问题之一。噪声（尤指低频噪声）易对人的身体健康产生巨大的危害，如在心理上产生不舒服的听觉刺激，生理上引发听觉失聪或心脑血管疾病，同时对人的神经系统造成严重的影响。采用吸声材料是最有效的降噪方法之一。吸声混凝土顾名思义就是一种针对外部产生的噪声采取隔声或者吸声的材料，具有连续、多孔的内部结构和较大的内表面积，与普通的密实混凝土组成复合构造。多孔的吸声混凝土直接面对噪声源，入射的声波一部分被反射，大部分通过连通孔隙吸收到混凝土内部，透过多孔混凝土层到空气层和密实混凝土板表面再次被反射，这部分被反射的声波从反方向再次通过多孔混凝土向外部发散。国内大部分城市的绿化工程、住宅工程和轨道交通工程都采用了吸声混凝土，以改善噪声污染等问题。吸声混凝土主要分为多孔混凝土和泡沫混凝土，本部分主要阐述了吸声混凝土功能化的研究进展。

4.5.1　制备工艺

水泥基陶粒吸声混凝土是以硅酸盐水泥和陶粒为主要原料制备的。粗骨料采用粉煤灰高强陶粒，粒径为 2 ~ 10mm，其中 5 ~ 8mm 粒径的陶粒占 93.86%，陶粒中粉煤灰含量为 80%，堆积密度为 650 kg/m^3，筒压强度为 7.2MPa，饱和吸水率为 17.22%。陶粒符合《轻集料及其试验方法　第 1 部分：轻集料》GB/T 17431.1—2010 中优等品的标准。细骨料采用中粗河砂，细度模数为 2.56，表观密度为 2581 kg/m^3；粉煤灰采用 Ⅰ 级粉煤灰，筛余量为 18.4%；水泥为 P · O42.5 普通硅酸盐水泥，拌和水为自来水。由于陶粒具有高吸水率的特性，所以为保证混凝土的工作性能，在浇筑前将陶粒在水中浸泡 1 h 后取出沥干，此时陶粒的含水率基本达到饱和吸水率的 90%。轻骨料混凝土配合比设计参照《轻骨料混凝土应用技术标准》JGJ/T 12—2019。配合比、陶粒粒径及级配等对吸声混凝土在中低频范围中的吸声性能均有影响，粒径在 3 ~ 15mm 时，单级配陶粒混凝土在中低频率范围内整体吸声较差，而将不同单级配陶粒混凝土串联起来，能大幅提高吸声性能。所研制的陶粒混凝土可用于降低轨道交通、变电站环境中的噪声试样制备。水泥基陶粒吸声材料制备流程如图 4-27 所示。

4.5.2　吸声机理

声波在传播过程中遇到各种固体材料时，一部分声能被反射，一部分声能进入材料内部被吸收，还有很少一部分声能透射到另一侧。通常将入射声能 E_i 和反射声能 E_r 的差值与入射声 E_i 之比值称为吸声系数，记为 α，即

$$\alpha=\frac{E_i-E_r}{E_i} \tag{4-4}$$

吸声系数 α 的取值在 0 ~ 1 之间。当 $\alpha=0$ 时，表示声能全部反射，材料不吸声；$\alpha=1$ 时表示材料吸收全部声能，没有反射。吸声系数 α 的值越大，表明材料（或结构）

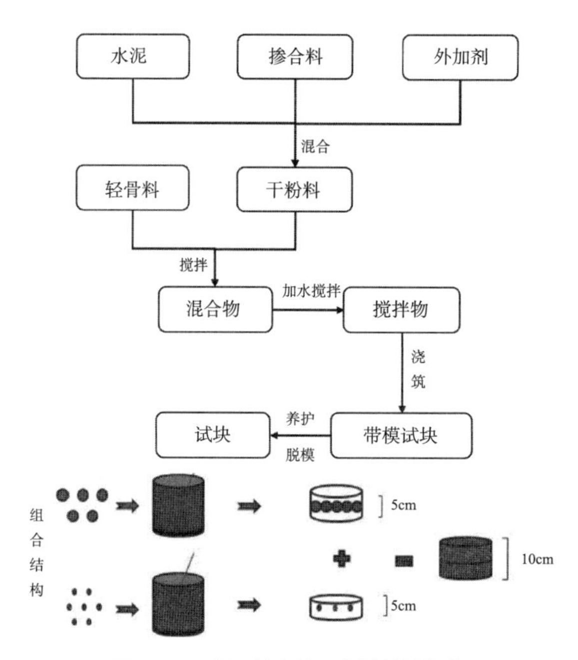

图 4-27 水泥基陶粒吸声材料制备流程

的吸声性能越好。一般而言，α 在 0.2 以上的材料被称为吸声材料，α 在 0.5 以上的材料就是理想的吸声材料。吸声系数 α 的值与入射声波的频率有关，同一材料对不同频率的声波，其吸声系数有不同的值。

由于入射角度对吸声系数有较大的影响，因此，规定了吸声系数。即：垂直入射吸声系数（驻波管法吸声系数），用 α_0 表示，它多用于材料性质的鉴定与研究。

材料的吸声性能不仅与材料本身的孔隙率、密度、厚度等结构参数有关，而且与入射声波的频率、环境的温度、湿度和气流等因素有关。试验表明，吸声材料（主要指多孔材料）对中、高频声吸收较好，而对低频声吸收性能较差，若采用共振吸声结构，则可以改善低频吸声性能。

在吸声降噪过程中，常采用多孔吸声材料、薄板共振吸声结构、穿孔板共振吸声结构和微穿孔板共振吸声结构等技术实现减噪目的。虽然这些技术方法都能达到不同程度的减噪目标，并且各有特点，但其吸声原理是不相同的。

当声波通过声学材料时，有三种常见的机制，即声音反射、吸声和声音传输（图 4-28）。确定声学材料性能的声学测量方法通常分为两种，即测量声吸收系数 α 和声传输损失 α 的值随频率变化，理论上在 0 到 1 之间，其中 α_0 表示材料完全反映入射声能，α_1 表示材料完全吸收声能。传播损失（*TL*）的值通常以分贝（dB）为单位表示，它表示被材料阻挡的能量（dB）。dB 值越大，隔声材料就越好，从而防止声音能量从外部传输到建筑内部。然而，只关注吸声问题，而不是声音传输问题。以下强调了与水泥基材料相关的现有工程的吸声方法。

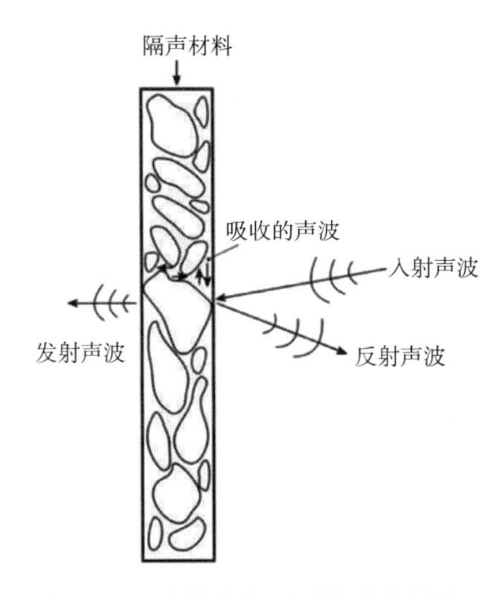

图 4-28　声学材料中声能损失的机理

4.5.3 应用分析

1. 橡胶混凝土

橡胶混凝土是轻骨料混凝土中的一种，利用碎橡胶作为骨料的替代品。粒状橡胶的密度（0.9 ~ 1.2）明显低于普通细骨料的密度（约 2.65）。因此，橡胶混凝土的单位重量可以显著降低，表明混凝土的声学性能有可能得到改善。研究发现 30% 的橡胶屑混凝土有助于获得最佳的吸声特性，与 10% 和 20% 的橡胶屑相比有显著改善（图 4-29）。这归因于混凝土中高百分比的橡胶屑，导致混凝土的孔隙率增加。

粒状橡胶混凝土的低密度可减少孔隙结构内的摩擦损失。粒状橡胶混凝土由使用氢氧化钠处理的碎屑丁苯橡胶（SBR）经过改性制备而成。研究发现所有包含橡胶的样品的吸声系数均高于 0.5（定义吸声材料的极限），而对照样品（不含 SBR）则相反，如图 4-29 所示。在表面上有大量橡胶颗粒的样品获得了特殊的吸声系数值（0.82 和 0.93）。通过在复合材料中人为制造宏观孔隙，获得了吸声系数为 0.6 ~ 0.7 且均匀度取值范围较好的粒状橡胶混凝土。研究发现在混凝土中添加 SBR 会导致所有龄期的抗压强度显著降低，最高可降低至 15MPa。水灰比从 0.45 增加到 0.55，导致抗压强度降低至 9MPa。表观密度随着水灰比和橡胶添加量增加而降低至 152kg/m^3，而表观孔隙率增加至 1.8%。尽管如此，获得的粒状橡胶混凝土仍然具有符合建筑的容许抗压强度，同时外观类似花岗岩并且没有异味。

光学显微镜显示，由于 SBR 颗粒的特殊形状，橡胶颗粒很好地嵌入混凝土中。这种混凝土可应用于噪声水平超过允许最大值的区域、住宅区或工业场所，也可用于建造礼堂 / 室内设计的墙壁。

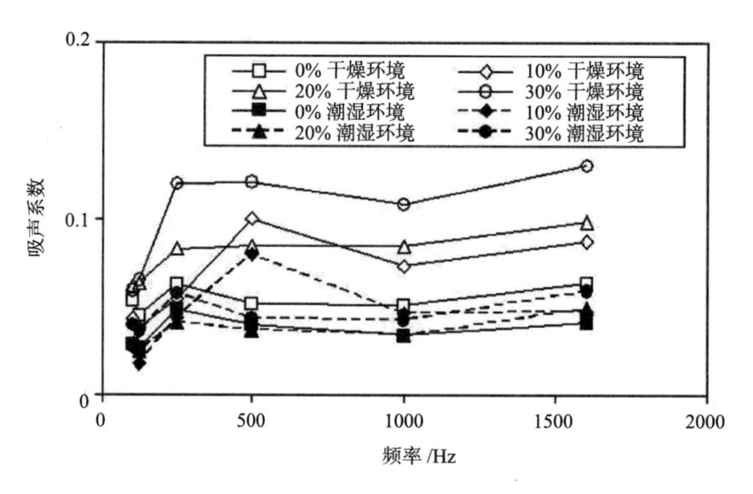

图 4-29　不同含量橡胶碎料的混凝土铺路砖的吸声系数

2. 多孔混凝土

多孔混凝土通常由水、水泥（含或不含细骨料）以及适当的泡沫剂量混合而成，其密度低于常规混凝土，被认为是均质混凝土，因为这种类型的混凝土不含粗骨料。通常，多孔混凝土的密度范围约为 300 ~ 1600kg/m^3，而轻骨料混凝土的密度范围约为 800 ~ 2000kg/m^3。多孔混凝土密度的降低取决于泡沫含量或添加的泡沫剂量。

在声学特性方面，虽然粒化高炉矿渣粉替代作为胶粘剂不会影响地质聚合物多孔混凝土的吸声系数，但泡沫用量的增加预期会在 800 ~ 1600Hz 的频率下将吸声率从 0.10 增加到 0.22，这是由孔径、孔隙率和曲折度的变化导致的。有研究证实了这一点，从图 4-30 可以看出，当泡沫掺量为 3% 时，纤维增强碱活化矿渣多孔混凝土可以产生大的孔隙（0.1 ~ 0.5mm），孔隙率高达 65%，在频率 2000 ~ 3000Hz 时表现出更大的吸声系数比 α=0.94（NRC=0.41）。

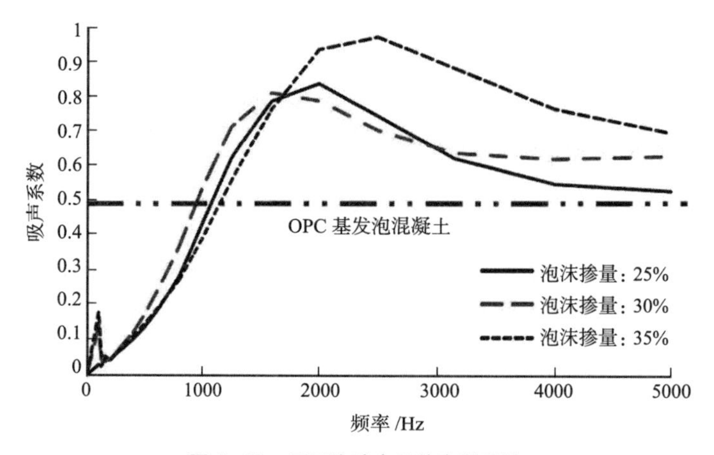

图 4-30　不同泡沫含量的声学系数

因此，在混凝土中增加泡沫用量可以赋予多孔混凝土显著的声学性能。多孔混凝土材料的高孔隙率导致降噪系数（NRC）值较低。以木灰多孔混凝土为例，在混凝土中增加木灰用量，多孔混凝土胶结系统的孔隙网络曲折度降低，此外，木灰增加了混凝土对水的需求，导致孔隙之间的连通性降低。以上就是多孔混凝土材料高孔隙率导致降噪系数（NRC）值降低的原因。

4.6　古建筑修复材料

现代科技发展为古建筑的保护和维修提供了新的思路，如何合理地将现代科技运用到古建筑维修和保护中，是所有古建筑保护从业人员需要认真研究的课题。古建筑常年暴露在外，不可避免地受到自然条件的侵害和人文因素的影响，这使古建筑维护和修筑工作具有可行性和必要性。加强古建筑维修力度是保护古建筑群体的重要方法之一，合理运用高科技和新材料修筑古建筑是现代保护古建筑群体的有力法宝。

4.6.1　制备工艺

1. 木结构修复与加固

纤维增强材料具有较强的力学性能、抗腐蚀性和较高的使用强度。例如：玻璃纤维增强材料具有耐高温、刚性强、抗冲性能强等特性，而且燃烧性较低，大部分不能点燃，是一种阻燃材料。出于对性价比的考虑，修复人员可以将纤维增强材料应用到木结构古建筑修复工程中，这样不但能有效增强木结构的力学性能和耐久性能，而且对受损的木结构具有加固作用。玄武岩纤维材料属于一种自然材料，是将玄武岩石加热到 1500℃时通过高速拉丝形成的纤维，通常为褐色，具有一定的环保性，因此将其运用在木结构古建筑的修复之中，能够存留更多的原始形态。这种材料还有操作简单、重量轻盈的特性，已被普遍应用在修复工作中。FRP（Fiber Reinforced Polymer）即纤维增强聚酯，是一种高强度纤维与树脂基体相结合的材料。由于具有强度高、质量轻、易加工等优点，广泛应用于工业领域，其多样性同样体现在建筑行业中。根据加固材料的不同，木质建筑中的 FRP 加固思路主要包括抗弯加固、抗剪加固和抗压加固。

木结构常因未做好防虫措施而被蛀虫大量侵蚀，使木材内部形成大面积中空。对于因潮湿而腐烂的情况，应先去除腐烂的部分，然后用不饱和聚树脂等化学试剂填充，从而起到加固效果。

有学者通过研制的纯、高结晶氢氧化钙纳米粒子分散剂对木材进行温和真空辅助处理。分散剂可以均匀渗透到木材内部 20cm，中和酸性并在木材基体内部形成碱性缓冲液，阻止残余纤维素的降解，防止木材力学性能的丧失。

木材抗真菌和生物杀菌剂：研究评估了两种广泛使用的聚合固化剂（丙烯酸树脂

B72 和碳氢树脂 1126）在白杨和挪威云杉上的抗真菌效果，观察到单独使用固化剂对真菌的抑制作用不同，10% 的丙烯酸树脂对白腐菌有效，而 5% 的碳氢树脂对褐腐菌有效，固化剂混合物抑制了两种类型的真菌。结果表明，复合固化剂对真菌生长具有一定的抑制作用，具体表现取决于木材种类和处理方式。长期来看，没有证明一种治疗方法能完全抑制真菌的生长。

有学者用二氧化钛纳米颗粒溶液处理了八种不同类型的木材，并与使木材快速腐烂两种真菌接触（白腐菌和褐腐菌）。结果表明，与未处理的样品相比，二氧化钛纳米颗粒可以防止两种腐烂真菌的生长。此外，二氧化钛纳米粒子的光活性即使在简单的日光条件下也足够高。值得注意的是，即使在没有特定的紫外线照射和纳米粒子光活性没有转移到可见区域的情况下，日光电磁光谱中存在的紫外线成分也可以防止木材中的真菌活性。此外，因为没有使用化学溶剂，二氧化钛配方是安全的。

2. 砖石结构修复与加固

微生物修复：例如，用巴氏芽孢八叠球菌诱导碳酸盐矿化沉积，从而保护石砌古建筑；在石砌表面沉积细菌薄层，从而影响石砌孔隙率、孔隙的分布以及矿化层与基层粘结效果，达到保护石砌古建筑的目的。

混凝土修复：主要通过抬墙梁法，在钢筋混凝土梁等的帮助下将砖石古塔支撑，在此基础上开展新一轮的加固等工作。或采用墩式加固法，即在地下浇筑新的混凝土墩支撑原有建筑，可以显著分解原建筑地基结构等的压力，对提高整体的承重性能具有重要意义,使建筑出现沉降等的概率大大降低。混凝土修复往往适用于木结构修复中。

砌体砂浆替换：在历史建筑的修复中，通常需要更换或修补砌体砂浆，但选择合适的砂浆往往存在困难。不当的选择可能导致修复工作的失败，甚至导致进一步的破坏。分析研究表明,古砌筑砂浆是一种特殊的有机 - 无机复合材料,无机成分是碳酸钙,有机成分是支链淀粉，来自加入砂浆中的糯米汤。此外，经研究发现，支链淀粉在砂浆中起到抑制剂的作用，控制了碳酸钙晶体的生长，并产生了致密的微观结构，使得古砌筑砂浆拥有各类良好的性能。模型砂浆试验结果表明,糯米灰砂浆物理性能更稳定,机械强度更大，兼容性更强，是一种适合古建筑砌体修复的砂浆。

3. 土结构修复与加固

窑洞局部病害主要表现为轻微开裂和外倾。当窑洞局部轻微开裂时，窑洞主体结构的整体稳定性不受影响,可采用环氧树脂胶或水泥砂浆进行灌封处理。针对窑脸外倾,可采用钢筋楔子加固。当窑洞在长期雨水侵蚀和风化作用下发生掉块和坍塌时，宜采用烧结实心砖和水泥砂浆重新砌筑窑洞。

南方传统夯土建筑的修复保护工作，首先必须以夯土墙体的耐水性作为研究核心。通过研究土楼老墙自然的“钙化”机理，采用“人工快速钙化”的后期保护手段，给土楼、土堡披上一层天衣无缝的防水“外衣”，创建一种可操控的夯土墙水稳定机制。

利用 $Ca(OH)_2$ 微溶于水的特性，将含有 $Ca(OH)_2$ 及其水合物的过饱和溶液喷涂到现有夯土墙面上，吸附渗透在墙面的 $Ca(OH)_2$ 通过与空气中的 CO_2 发生碳化反应，就可在墙体表面形成一道牢固的“人工钙化保护层”。这种“人工钙化保护层”是人为可控的，可取得以下明显效果：“人工钙化保护层”虽然薄但牢固，且可以把对原有风貌的影响降到最低，实现修旧如旧；“人工钙化保护层”同样具有透气性，不影响原有夯土墙的透气与呼吸功能。

水玻璃复合氯化钙是一种常用的建筑材料改性剂，它能够明显提高生土材料的力学性能和耐水性。首先，水玻璃是一种无机胶凝材料，具有良好的硬化性能和稳定性，可以有效地增强土体的强度和刚度。通过将水玻璃与生土材料混合，水玻璃中的硅酸盐成分能够与土壤中的颗粒结合形成胶结物质，并在固化过程中产生化学反应，形成硬化胶凝体。这种硬化胶凝体可以填充土壤颗粒之间的空隙，增加土体的密实度和抗压强度，从而明显提高了生土材料的力学性能。其次，水玻璃复合氯化钙能够显著改善土体的耐水性能。土壤通常含有一定的含水量，在潮湿或水浸条件下容易发生软化和流失。水玻璃与氯化钙的复合使用能够形成一种水化硅酸钙胶凝物质，具有较好的抗水侵蚀性能。这种胶凝物质可以填充土壤孔隙和毛细管，并与土壤颗粒紧密结合，形成一个相对稳定的结构网络，使土体具有较高的抗水侵蚀能力，有效防止土体的软化和流失。总之，水玻璃复合氯化钙通过增强土体的胶结性和改善土体的抗水性能，能够明显提高生土材料的力学性能和耐水性，广泛应用于土木工程、道路工程等领域，为工程的可靠性和耐久性提供保证。图 4-31 为被侵蚀的墙面掺入水玻璃前后对比图。

图 4-31　掺入水玻璃前后对比图

4.6.2　修复实例

1. 以安良堡为例，古建筑大都裸露在外部环境中（图 4-32），极易受到环境因素的影响，墙面已经出现砖块、石块被严重风化甚至坍塌的现象，必须采取有效措施予以修复。使用有机材料保护古建筑表面或易受腐蚀的结构件，不仅不会对古建筑产生损坏，而且保护能力强、持续时间长，同时可以降低保护成本。另外，由于古建筑重要构件之一的木材在环境影响下容易发生腐蚀虫蛀，造成古建筑整体结构的损毁，因此木材保护是古建筑修复的重中之重。降低木材含水率和化学防腐保护十分必要，可以利用新技术（如高频技术）降低木材含水率，使用防腐剂让古建筑构件免受菌虫等生物损害。

图 4-32 安良堡整体图

2. 以大理某木制结构为例，针对不同的部位使用了不同的修复方式。

（1）节点修复：传统木结构采用榫卯连接形式，其框架形成了几何可变体系，在地震作用下，木构架节点产生了较大的水平位移，榫头与卯口相互挤压后变形拔出，导致结构失稳，所以修缮加固榫卯节点很有必要。对于节点，采用黏弹性阻尼器（图 4-33）进行修复加固，其结构主要由 A、B 两块半径为 150mm、厚 5mm 的 Q235 扇形钢板，中间一块半径 150mm 的扇形橡胶组成，阻尼器通过 10 根长为 30mm 的 M4.0 平头自攻尖尾螺栓分别与梁柱连接。

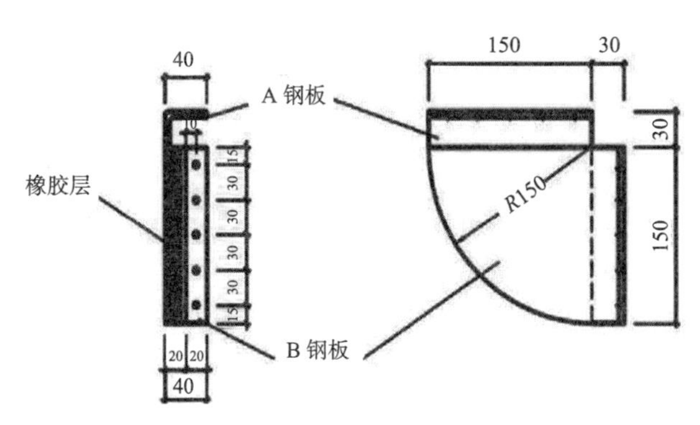

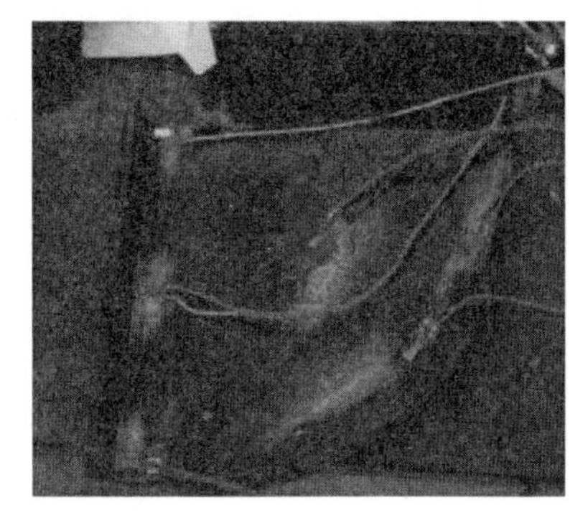

图 4-33 黏弹性阻尼器

（2）柱修复：木材在干燥过程中，外层收缩率大于内层产生的收缩应力或者木材切向收缩率大于径向产生的拉应力，从而出现裂缝。对于存在裂缝的柱，可采用嵌补加固法进行加固，腻子抹缝法适用于裂缝宽度 $W \geqslant 3$mm 时，如图 4-34（a）所示；嵌补木条、用胶粘剂固定的方法适用于裂缝宽度 $W \leqslant 30$mm 时，如图 4-34（b）所示；用木条嵌补，同时在裂缝外加铁箍适用于裂缝宽度 $W > 30$mm 且≤ 1/3 柱径；先将构架修缮复位，再用木条嵌补，并用铁箍箍牢，这种方法适用于柱裂缝宽度大于 1/3 柱径的情况，如图 4-34（c）所示。

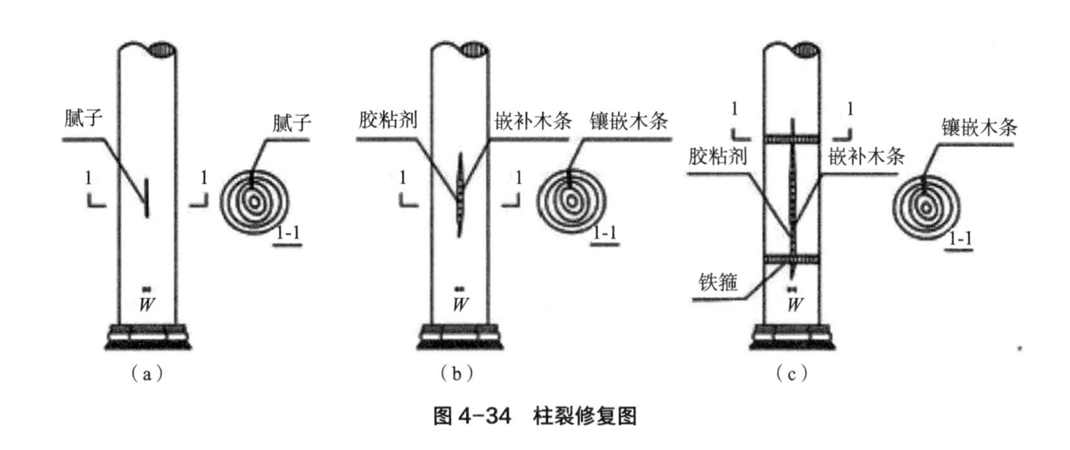

图 4-34 柱裂修复图

（3）虫蛀修复：采用化学处理的方法提高木材的抗虫害能力。每 100g 化学加固所用材料的重量配合比如下：石英粉 50g；304 号不饱和聚酯树脂 50g；环烷酸钴苯乙酸液（1 号促进剂）2 ~ 3g；过氧化环乙酮苯（1 号固化剂）4g。使用方法是，先掺入固化剂搅拌均匀，再加促进剂，搅拌均匀后添入石英粉。化学加固法除了能增加木材的强度外，还能增强木材的尺寸稳定性和抗虫、防腐能力。

（4）腐朽修复：木材腐朽是因为木腐菌的侵入，木腐菌的侵入使木材的细胞壁遭到破坏，结构渐渐发生改变，导致力学性能下降，变得松软、易碎，呈粉末状或者筛孔状。腐朽在很大程度上降低了木结构的承载力，当腐朽严重时，还会对古建筑整体结构的安全性构成更大的隐患。如果木建筑的木柱只有表层腐朽，腐朽情况并不严重，且能满足承载能力的要求，不影响结构稳定，则采用剔补加固技术对其进行修复加固。具体方法是，先将腐朽部分剔除，对其进行防腐处理，再使用干燥后的木料依原样将木柱修补整齐并粘接，必要时外设 2 ~ 3 道铁箍进行固定。当腐烂范围较大时，对有墩筋的构件还需采用铁筋加固。该方法主要依靠钢筋的约束作用提高构件的强度和刚度。周干等通过分析铁加固在故宫太和殿、应县木塔等工程中的应用，提出了相应的建议。

苏州地区遗留有大量砖石建筑，例如，建成于北宋初期的虎丘塔，在 1956 年第一次塔体抢修工程中，对塔身提出加箍和水泥砂浆填实砖缝的方法，这期间为了保持塔的原状，即采用 1∶2 水泥砂浆在外壁原粉刷剥落处的灰缝中嵌实，其色泽尽量与原塔相仿，以免影响原有外观，同时在外表面加箍喷浆。水泥无疑是当时较为合适的材料。但是，多年后病害还是出现了（图 4-35），塔身水泥喷浆大片起壳、凸肚、崩裂、剥落，并将砌体上的砖拉断，出现了更多的竖向裂缝。水泥对建筑遗产的破坏性远远大于它的优点，水泥中的水溶性盐会对古建筑本体脆弱的砖造成破坏，且不可逆。在现阶段，天然水硬石灰、纳米或者微米石灰等材料能较好地替代水泥，同时具有较好的兼容性和可逆性。新填补的石灰在颜色、纹理等方面能用肉眼辨别区分，内含极低的水溶性盐并不会对砖造成结构性破坏。

图 4-35　2016 年维修结束后虎丘塔节点图

参考文献

[1] Chen X D, Wang H. LiN-cycle assessment and multi-criteria performance evaluation of pervious concrete pavement with fly ash[J]. Resources Conservation and Recycling, 2022, 177, 105969.

[2] Tan K H, Qin Y H, Wang J S. Evaluation of the properties and carbon sequestration potential of biochar-modified pervious concrete[J]. Construction and Building Materials, 2022, 314, 125648.

[3] 王信刚，陈皓，翟胜田，等. 光纤导光混凝土的透光性能与抗侵蚀性能 [J]. 硅酸盐通报，2016，35（11）: 3622-3627.

[4] 王信刚，叶栩娜，王睿，等. 树脂导光水泥基材料的设计与制备表征 [J]. 南昌大学学报—理科版，2014，38（1）: 41-44.

[5] 李文旭，马昆林，龙广成，等. 自密实混凝土拌合物稳定性动态监测及数值模拟研究进展 [J]. 材料导报，2019，33（7）: 2206-22131.

[6] 王信刚，陈皓，扶兴国. 酸雨 - 干湿耦合作用下树脂与水泥界面腐蚀特性 [J]. 建筑材料学报，2018，21（3）: 358-364.

[7] Tahwia A M, Abdel-raheem A, Abdel-Aziz N, et al. Light transmitance performance of sustainable translucent self-compacting concrete[J], Journal of Building Engineering, 2021, 38: 102178.

[8] Bisht P, Pandey K K, Barshilia H C. Photostable transparent wood composite functionalized with an UV-absorber[J]. Polymer Degradation and Stability, 2021, 189: 109600.

[9] Van H L, Muthoka R M, Panicker P S. All-biobased transparent-wood: A new approach and its environmental-friendly packaging application[J]. Carbohydrate Polymers, 2021, 264: 118012.

[10] Xia R Q, Zhang W Y, Yang Y N, et al. Transparent wood with phase change heat storage as novel green energy storage composites for building energy conservation[J]. Journal of Cleaner Production, 2021, 296: 126598.

[11] Yan W, Wang Y J, Feng Y. Comparison of Multilayer Transparent Wood and Single Layer Transparent Wood With the Same Thickness[J]. Frontiers in Materials, 2021, 8: 633345.

[12] Wang K L, Dong Y M, Ling Z, et al. Transparent wood developed by introducing epoxy

vitrimers into a delignified wood template[J]. Composites Science and Technology，2021，207：108690.

[13] Foster K E O，Jones Rollin，Miyake G M，et al. Mechanics，Optics，and Thermodynamics of Water Transport in Chemically Modified Transparent Wood Composites[J]. Composites Science and Technology，2021，208：108737.

[14] Zhu M，Yan X，Xu H，et al. Ultralight，compressible，and anisotropic MXene@ Wood nanocomposite aerogel with excellent electromagnetic wave shielding and absorbing properties at different directions[J]. Carbon，2021，182：806-814.

[15] Tzer S T，Kim H M，Azma Putra，et al. Sound absorption performance of modified concrete[J]. Journal of Building Engineering，2020，30：101219.

[16] Ghizdavet Z，Stefana B M，Daniela N，et al. Sound absorbing materials made by embedding crumbrubber wasteina concrete matrix[J]. Construction and Building Materials，2016，124：755-763.

[17] Kharitonov A，Smirnova O. Optimization of repair mortar used in masonry restoration[J]. Spatium，2019，42：8-15.

[18] Poggi G，Toccafondi N，Chelazzi，et al. Calcium hydroxide nanoparticles from solvothermal reaction for the deacidification of degraded waterlogged wood[J]. Journal of Colloid and Interface Science，2016，473：1-8.

[19] Yang R，Sun Y，Zhang X. Application and progress of reinforcement technology for Chinese ancient buildings with wood structure[J]. Geotechnical and Geological Engineering，2020，38（6）：5695-5701.

[20] Zhou K，Li A，Xie L，et al. Mechanism and effect of alkoxysilanes on the restoration of decayed wood used in historic buildings[J]. Journal of Cultural Heritage，2020，43：64-72.

[21] Yang R，Sun Y，Zhang X. Application and progress of reinforcement technology for Chinese ancient buildings with wood structure[J]. Geotechnical and Geological Engineering，2020，38（6）：5695-5701.

[22] C. Visali，A.K. Priya，R. Dharmaraj. Utilization of ecofriendly self cleaning concrete using zincoxide and polypropylene fibre[J]. Materials Today：Proceedings，2021，37：1083-1086.

[23] Cristina A R，Mario M G，Iribarren Diego. Combined use of data envelopment analysis and life cycle assessment for operational and environ- mental benchmarking in the service sector：a case study of grocery stores[J]. Science of The Total Environment. 2019，667：799–808.

[24] Lola B A，Vivian Loftness，Harries K A，et al. Cradle to site life cycle assessment（LCA）of natural vs conventional building materials：a case study on cob earthen material[J]. Building and Environment. 2019，160：106150.

第5章
建筑材料的智能化

“智慧城市”建设对建筑行业提出了新要求，同时推动了建筑材料智能化发展。建筑材料智能化是指使材料本身具备自诊断、自调节、自愈合、自清洁和自储能等功能。本章以混凝土为载体具体介绍了损伤自诊断混凝土、仿生自愈合混凝土、相变储能混凝土和自清洁混凝土等类型的智能混凝土及其特性，从智能化混凝土的原理和类型两方面对智能化建筑材料进行了阐述，以期为建筑材料的智能化研究提供技术支持。

5.1 损伤自诊断混凝土

损伤自诊断混凝土又称损伤自感应混凝土，根据对不同物质的敏感性不同，可分为压敏性和温敏性两类。普通的混凝土材料本身不具有自感应功能，但在混凝土基材中的复合部分添加其他材料组分可使之具备本征自感应功能。目前常用的材料组分包括聚合物类、碳类、金属类和光纤类，其中最常用的是碳类、金属类和光纤类。由于环境和疲劳损伤等因素，混凝土在正常服役过程中不可避免会产生裂缝，这些裂缝为外界有害物质进入混凝土内部提供了通道，进而加速内部钢筋锈蚀，降低混凝土结构的安全性和耐久性。对于宏观裂缝，容易用肉眼识别，并利用传统的手段（即结构加固法、灌浆法、填充法等）进行后期的修复；而对于微小裂缝，通过现行的探测技术难以及时、精准地检测。若此时利用传统的裂缝修复手段无法达到理想的修复效果，未得到有效修复的微观裂缝不但影响结构的正常使用性能，缩短使用寿命，还可能进一步发展为宏观裂缝并导致结构发生脆性破坏。此外，传统裂缝修补手段成本十分高昂，耗费大量人力物力。近年来，建筑材料趋向智能化发展，且对工程结构的安全性和耐久性要求越来越高。因此，具备损伤自诊断、自修复功能的混凝土材料势必会成为未来建筑行业发展的方向之一。

损伤自诊断混凝土在重大土木基础设施的实时监测、损伤的无损评估、微裂纹的及时修复以及减轻地震的冲击等诸多方面具有很大的潜力，对确保建筑物的安全性和耐久性意义重大。同时，在现代建筑智能化发展的背景下，传统建筑材料的研究、制造、缺陷预防和修复等迎来了巨大挑战。损伤自诊断混凝土作为建筑材料领域的前沿技术之一，为传统建筑材料的发展注入了新的发展活力，提供了全新的机遇，必将使损伤自诊断混凝土应用具有更广阔的前景，从而产生巨大的社会经济效益。

5.1.1 损伤自诊断原理

损伤自诊断混凝土是通过分散在基体材料中的填充材料压阻效应实现功能的。混凝土基体是一种非导体材料，导电填料决定损伤自诊断混凝土的导电性能。具有高度电敏的颗粒在基体中随机分布，在混凝土基体内部形成了依赖于填料浓度的导电网络。在称为渗透阈值的特定填料含量范围内形成的网络可以通过外部负载敏感地改变。如图 5-1 所示，直接渗透路径和间接电子跳跃构成网络，并在填料浓度分别低于和高于渗透阈值时起关键作用。当复合材料受到外力或环境变化时，网络发生变化，即桥式纤维的轻微推入或拉出效应导致电阻发生变化。以压缩荷载为例，由于变形，碳纤维的初始距离越来越近，直至接触。如果该压应力在弹性范围内，则卸载后应变和阻力是可逆的。通过定量测量电信号的变化，可以确定应力 / 应变、损伤和裂纹情况。因此，损伤自诊断混凝土可以实时监控结构，或者立即识别施加在结构上的荷载。

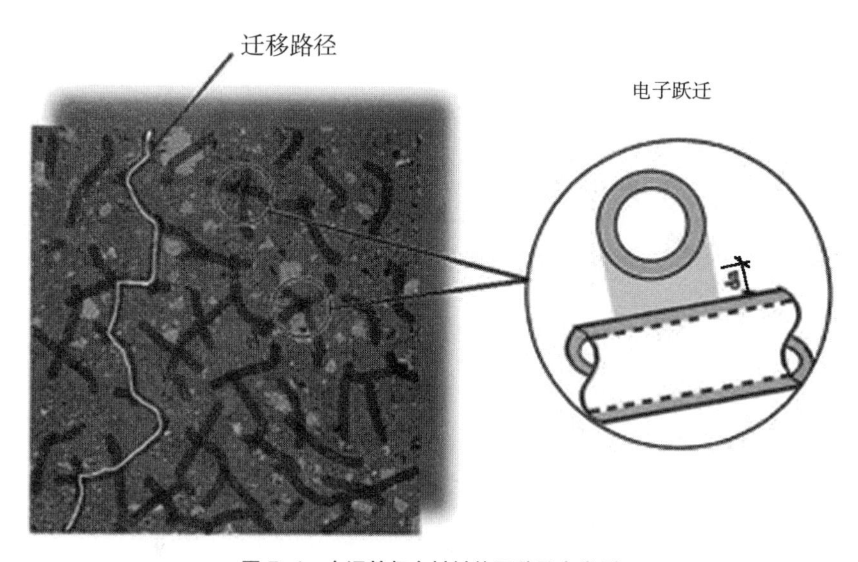

图 5-1　水泥基复合材料的两种导电类型

1. 非导电基体

自传感复合材料由基体材料和功能性填料组成。基体材料如混凝土、砂浆或水泥浆等是功能性填料的载体，这三种材料都可以表现出敏锐的感知能力。然而，与浆料相比，混凝土的感知性能更低，这表明粗骨料的存在可对水泥基复合材料的感知敏感性产生负面影响。

水泥基体因其离子的导电性而具有吸引力，即使在填料含量低于渗透阈值时也能达到足够的导电性。此外，分析表明，当填料含量接近渗透阈值时，基体的电导率是影响复合材料整体导电灵敏度的最大变量。然而，随着水泥水化的进行，游离水含量逐渐下降，毛细孔的连续性降低和隔离导致电阻率升高。与水泥浆相比，砂浆基体的阈值在引入细骨料后有所提高。因此，阈值不是一个常数。混凝土基体影响导电灵敏度的另一个特性是水灰比。水灰比的增加可以提高压阻系数，另外高水灰比可以提高混凝土材料的变形性能。也就是说，混凝土材料内部各组分性能很容易受外力影响，因此对外部荷载更敏感；另一个因素是高水灰比意味着低填料 / 水比。如果填料的分散相对容易且均匀，那么它会具备更高的导电灵敏度。

2. 压阻填料

压阻填料可以是碳纤维、碳纳米管、碳黑、钢纤维、石墨粉、镍粉等。由于碳纤维越来越受欢迎，大多数自感应混凝土开发研究都集中在碳纤维上。随着纳米技术的发展,碳纳米管逐渐受到研究人员的关注,通常作为第二填料添加。而其他填料如镍粉、聚乙烯醇纤维（PVA）、锆钛酸铅（PZT）纳米级粉末和碳黑也可用于压阻填料。将导电橡胶纤维添加到水泥复合材料后，其导电性能和阻尼性能均得到显著改善，该复合材料在交通检测和结构健康监测领域具有潜在的应用前景。比较碳纳米管、石墨纳米纤维和氧化石墨烯之间的压阻行为，当所有颗粒掺量相同时，碳纳米管是促进导电性最有效的填料。同时，碳纤维在成本、分散过程和电性能方面比石墨纳米片和碳纳米管更具有优势。与一维碳纳米管相比，首先石墨烯纳米片具有二维结构，两个面层都可以与基体材料接触，从而表现出更高的灵敏性。其次，出于厚度原因，石墨烯纳米片发生缠结和团聚的机会较小。此外，石墨烯纳米片的成本通常低于碳纳米管，这可能是大规模工业制造自感应混凝土的重要因素之一。最后,与碳纳米管复合材料相比，石墨烯纳米片的低浓度（通常从 0.03% 到 0.1%）是另一个优点。

5.1.2　损伤自诊断类型

1. 碳纤维自诊断

碳纤维复合材料在制备和使用过程中，与制备仪器、维修工具撞击，使复合材料局部结构产生微小的损伤甚至大面积的严重破坏，即复合材料发生分层损伤、纤维断裂等。有时轻微的损伤并不能被目测或者及时发现，但仍然具有使用功能；有时严重的破坏虽然能实时监测，但由于环境条件的制约，无法对复合材料进行及时的维修和更换，导致复合材料的承载能力明显下降，甚至造成一些灾难性的后果。

由于具有优异导电性能的碳纤维之间存在相互作用，使其形成了良好的导电网络。当复合材料破坏时，原有的导电网络也发生了不可恢复的损坏，进而改变了复合材料的导电性能，导致复合材料的电阻发生不同程度的偏离。因此，可将导电碳纤维作为外部荷载的传感器使用，利用复合材料的电阻变化反映其内部结构变化，建立复合材料累积损伤中电阻与疲劳损伤状态之间的关系，通过研究复合材料的电阻与损伤之间的变化规律，判断其所受损伤、破坏的程度，是研究碳纤维复合材料实时监测技术的一种新方法，实现碳纤维复合材料长期在不同的服役环境中达到实时在线预警以及智能监测的目标。

（1）试样制备

采用手工和模压成型的方法将 G803/5224 碳纤维织物环氧树脂预浸料按照三种铺层角度的要求，即 [0° /90°]、[+45°] 和 [0° /90° /+45°]，以及两种铺层层数的规格即 7 层和 8 层进行层合，具体复合材料试样规格如表 5-1 所示，制备 G803/5224 碳纤维织物环氧树脂基复合材料层合板。具体步骤包括预浸料铺层、电极片的埋设、模压固化、试样裁剪等。

复合材料层合板试样规格　　表 5-1

铺层角度	铺层层数	复合材料层合板试样规格
0° /90°	7	$[0°/90°]_7$
	8	$[0°/90°]_8$
± 45°	7	$[\pm 45°]_7$
	8	$[\pm 45°]_8$
0° /90° / ± 45°	7	$[0°/90°/\pm 45°]_7$
	8	$[0°/90°/\pm 45°]_8$

①预浸料铺层

取出储存柜（储存温度为 −18℃）里的 G803/5224 碳纤维织物环氧树脂预浸料，将预浸料分别裁剪为 0° 、90° 、45° 与 −45° ，尺寸均为 350mm × 300mm，按铺层角度和铺层层数分别将裁剪好的预浸料铺叠好，再放置于涂有均匀高温硅脂脱模剂的两块铝箔之间，最后用铁板做成的上下模板夹紧，这样就可以得到预浸料层合体，预浸料层合体示意图如图 5-2 所示。

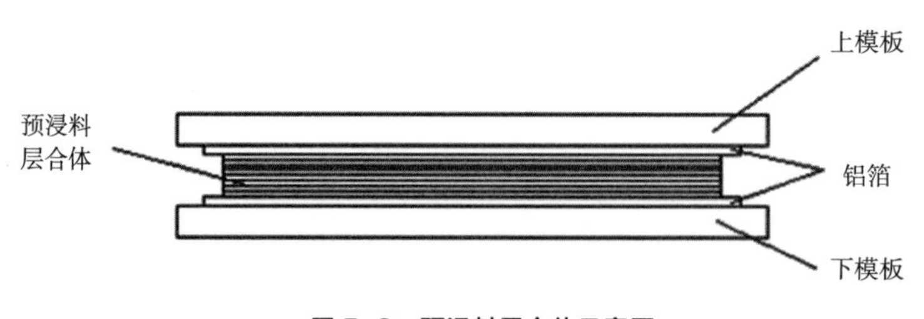

图 5-2　预浸料层合体示意图

②电极片的埋设

在预浸料铺叠的过程中，采用直径为 5mm、厚度为 0.2mm 的圆铜片作为电极材料，将圆铜片分别置于层合体的第 1 层与第 2 层之间以及倒数第 1 层与第 2 层之间，并使圆铜片的一半露在复合材料的表面，拉伸、压缩、弯曲试样中的圆铜片埋设间距分别按照 150mm、50mm、50mm 进行埋设，并使埋设的圆铜片处于同一条直线上，冲击试样中的圆铜片埋设尺寸为 60mm × 50mm。在热固成型后的复合材料层合板中，为了保证电阻测量的准确性，使用砂纸对埋设的圆铜片表面进行打磨，以去除圆铜片表面的金属氧化物以及环氧树脂等，并使用铜导线与其焊接，使电阻测量仪可以通过铜导线测量复合材料层合板试样的电阻。

③模压固化

预浸料层合体铺叠完好后，将其放入热压机中，采用加热、加压的方法固化成型复合材料层合板。模压固化的主要过程如图 5-3 所示。

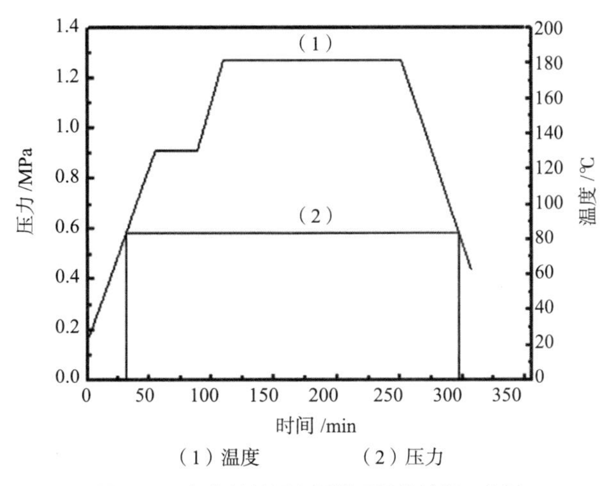

图 5-3　复合材料层合板模压固化过程示意图

④试样裁剪

试验中的拉伸、压缩和弯曲试样分别参照《纤维增强塑料拉伸性能试验方法》GB/T 1447—2005、《碳纤维复合材料层合板开孔拉伸试验方法》HB 6740—1993、《纤维增强塑料压缩性能试验方法》GB/T 1448—2005、《碳纤维复合材料层合板开孔压缩试验方法》HB 6741—1993 以及《纤维增强塑料弯曲性能试验方法》GB/T 1449—2005 的要求进行裁剪，其中开孔拉伸试样和开孔压缩试样的中心孔孔径为（6.3+0.1）mm。复合材料层合板试验所用拉伸、压缩和弯曲试样的具体形状、尺寸以及试验夹具如图 5-4 ~ 图 5-6 所示。

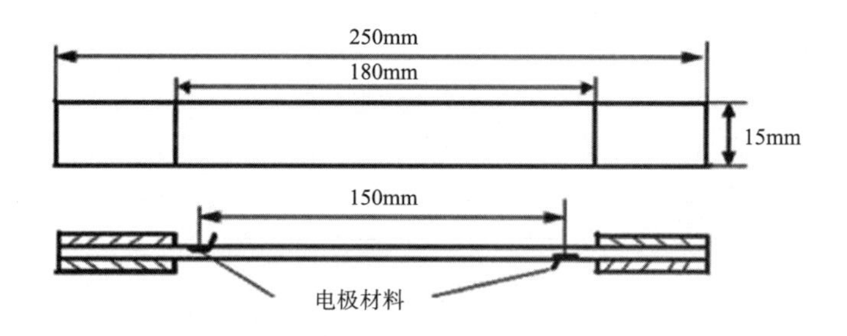

（a）拉伸试样

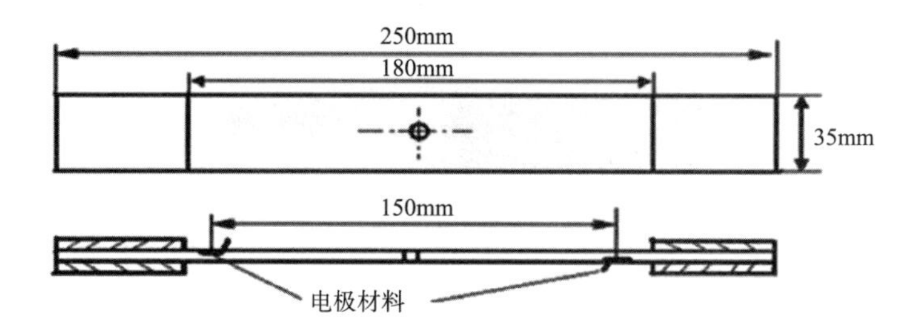

（b）开孔拉伸试样 [孔径为（6.3 ± 0.1）mm]

图 5-4　复合材料层合板拉伸及开孔拉伸试样示意图

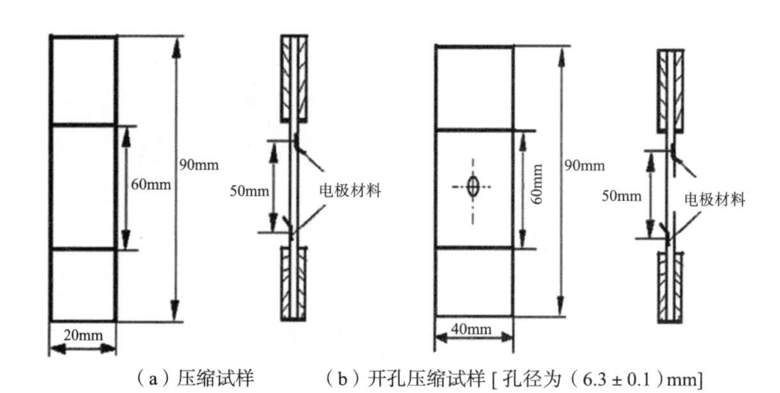

（a）压缩试样　　（b）开孔压缩试样 [孔径为（6.3 ± 0.1）mm]

图 5-5　复合材料层合板压缩及开孔压缩试样示意图

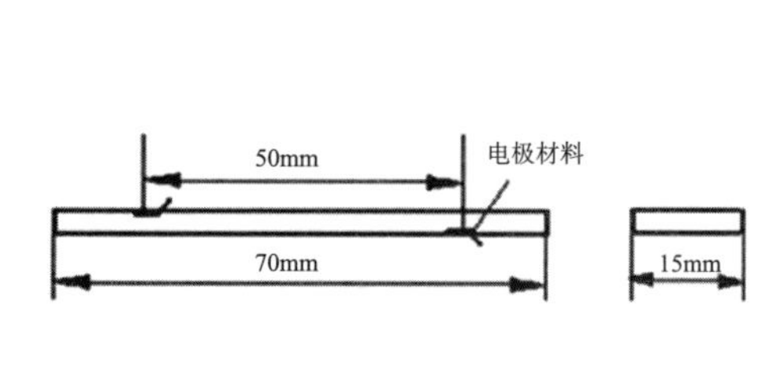

图 5-6　复合材料层合板弯曲试样示意图

图 5-7　G803/5224 复合材料层合板

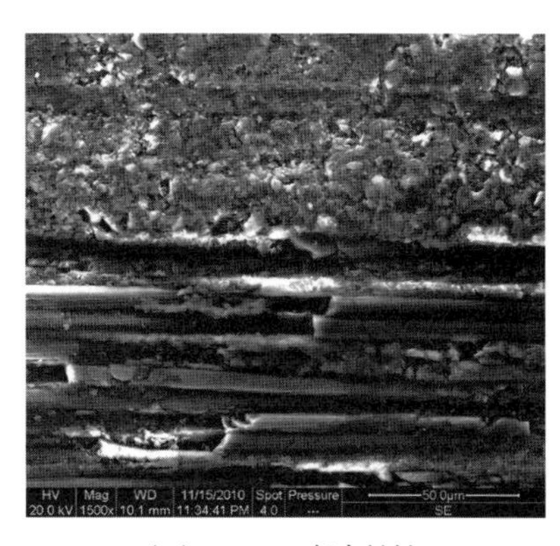

（a）[0° /90°] 复合材料

（b）[± 45°] 复合材料

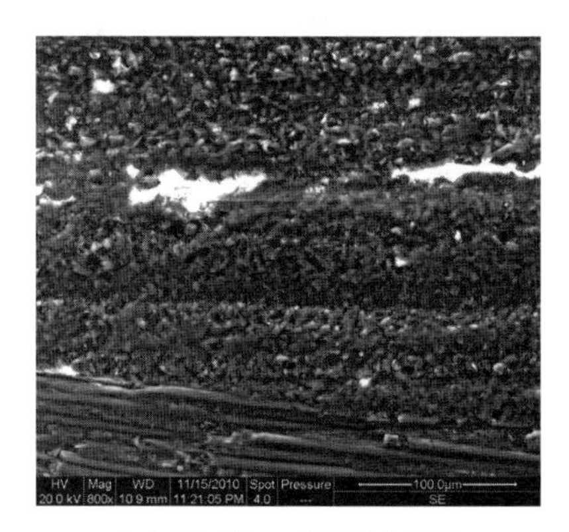

（c）[0° /90° / ± 45°] 复合材料

图 5-8　复合材料层合板横截面的扫描电镜图

在复合材料层合板成型后，复合材料层合板如图 5-7 所示，测量出层合板的单层厚度大约为 0.2mm。并且对复合材料层合板厚度方向上的横截面进行扫描电镜，扫描电镜的图片如图 5-8 所示，从扫描电镜的图片中可以看出，碳纤维和环氧树脂在复合材料层合板中处于相间分布的状态，单层的碳纤维相互之间处于紧密接触的状态。

（2）碳纤维复合材料弯曲荷载试验分析及损伤诊断依据

①复合材料弯曲荷载下的电阻变化特性

弯曲荷载试验中，采用多通道数据采集仪对不同规格复合材料的电阻变化值、应力等数据进行同步记录，得到了复合材料在弯曲破坏下的主要性能数据。复合材料弯曲荷载下的破坏试样如图 5-9 所示。

弯曲试验过程中，不同规格复合材料的电阻与弯曲应力之间的变化关系表现出不同的趋势，复合材料弯曲电阻变化率与弯曲应力的关系如图 5-10 所示。由图 5-10 可以看出，[0° /90°]、[0° /90° / ± 45°] 复合材料的电阻在弯曲破坏过程中基本保持不变，复合材料的电阻在接近破坏失效时呈现缓慢下降趋势，当复合材料发生弯曲断裂时，其电阻瞬时上升且达到最大值。由于在弯曲荷载下复合材料的上、下表面分别受到压应力、拉应力的作用，复合材料电阻的增加和减小基本相同且可以相互抵消，使得复合材料电阻在弯曲初始阶段基本保持不变。[±45°]、[0° /90° /±45°]复合材料的电阻在弯曲破坏过程中呈现先下降再上升的趋势，[±45°]复合材料的电阻在初始阶段下降速度比较显著。这是由于纤维在[0° /90°]方向上分布较少，使得弯曲初始阶段复合材料基体被压缩，导致电阻变小；随着弯曲应力继续增加，纤维发生断裂，导致电阻又出现快速上升的趋势。

（a）弯曲破坏试样下表面　　（b）弯曲破坏试样侧面

图 5-9　复合材料弯曲破坏试样

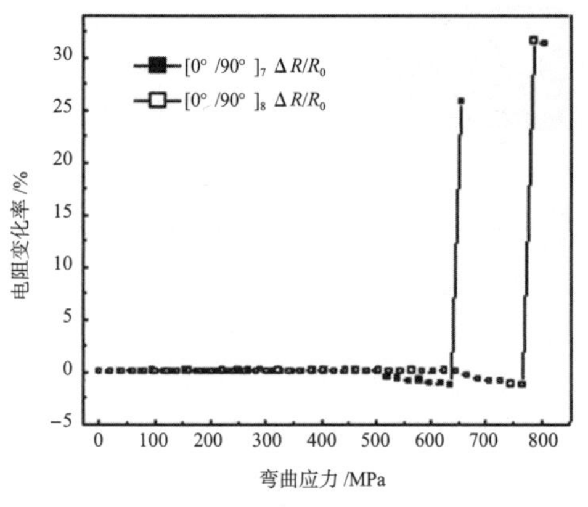

（a）[0° /90°]复合材料　　（b）[±45°]复合材料

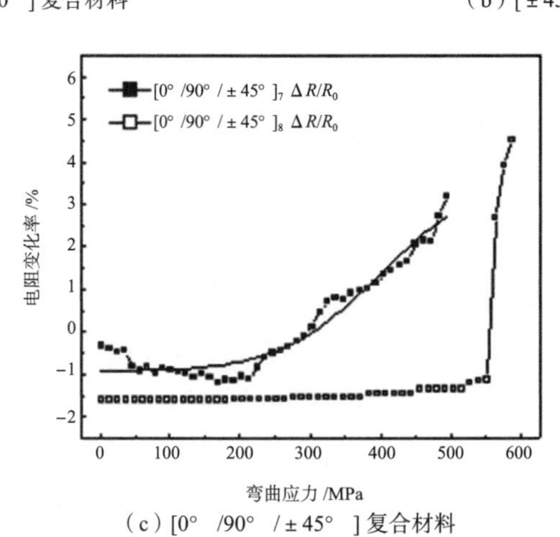

（c）[0° /90° /±45°]复合材料

图 5-10　复合材料弯曲电阻变化率与应力关系图

②复合材料弯曲荷载下损伤自诊断依据

通过弯曲试验可以得到，复合材料的弯曲应力与其电阻变化存在对应关系，因此，可以根据复合材料电阻的变化对其失效过程进行诊断。

2. 光纤自诊断

光纤是智能结构中的功能元件，空心光纤的纤芯内部是空的，若在空心处注入胶液，光在光纤中的传播会因胶液产生相互作用，从而导致一系列的特殊性能，这对于传感性能的检测尤其重要。利用光纤的传输与匹配特性构成自诊断传感器，对混凝土材料的性能进行实时监测。

（1）光纤的传输与匹配特性

光纤的传输特性是指光在光纤中传播时光强的衰减和光脉冲展宽的特性，具体表现为光纤中光功率的损耗。由射线理论可知，光在光纤中的传播主要依靠全反射原理，但光在空心光纤中的传播还受到空心处纤芯与所含介质形成界面的影响。研究表明，随着纤芯空心内注入介质的不同，光在光纤中的传播也存在差异，例如，胶液引起的光强变化，主要是由于胶液的折射率大于或接近纤芯的折射率，出现了光线由纤芯折射到胶液里的现象，导致折射到胶液里的光线传播不畅，影响输出光的光强。

空心光纤埋入混凝土结构属于功能元件与混凝土结构的匹配。研究表明，空心光纤与混凝土结构的匹配归结起来有两种情况，一是光纤与混凝土不能完全结合，使混凝土结构中出现缺陷，从而降低其强度，并使空心光纤作为应变传感的能力下降；二是光纤与混凝土结合过于紧密，导致空心光纤与混凝土结构的界面处产生很大的应力集中，从而使埋入混凝土结构中的空心光纤传输性能下降，并使空心光纤因应力集中而产生损伤，甚至出现断裂。空心光纤与混凝土结构的匹配涉及面较广，主要涉及胶粘剂的化学成分、使用性能以及制作混凝土结构的工艺等。通过对空心光纤包层进行优化处理，能够实现空心光纤与混凝土结构的匹配，从而为空心光纤用于混凝土结构损伤的自诊断提供了研究依据。

（2）结构自诊断研究

混凝土结构的裂缝可分为由应力引起的结构裂缝和由温度引起的温度裂缝，前者危及结构的安全；后者影响结构的使用，因此，及时发现和处理混凝土结构中的裂缝尤为重要。用光纤材料制作智能混凝土结构是将光纤直接埋入混凝土结构中。当结构因受力和温度变化产生变形或裂缝时，就会引起埋置其中的光纤产生变形，从而导致通过光纤的光在强度、相位、波长及偏振等方面发生变化。根据获取光变化的信息，可确定结构的应力、变形和裂缝，实现结构应力、变形、损伤和裂缝的自监测和自诊断。如图 5-11 所示，构成一个较为完整的运用空心光纤智能混凝土结构监控及修复体系。裂缝的发生可以用埋设在混凝土中光纤光强的变化监测，而裂缝的定位可用多模光纤在裂缝处光强的突然下降或光时域反射仪（OTDR）诊断完成。图 5-12 为采用 OTDR

的混凝土裂缝光纤感知布置的示意图和衰减曲线。由图可见，通过衰减曲线上的裂缝损耗突变点，可以准确地确定裂缝的位置。

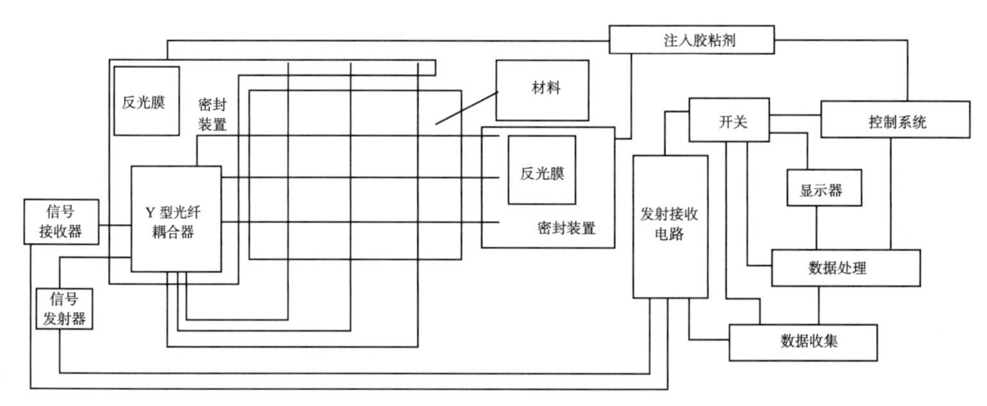

图 5-11　空心光纤应用于智能混凝土结构自诊断、自修复原理图

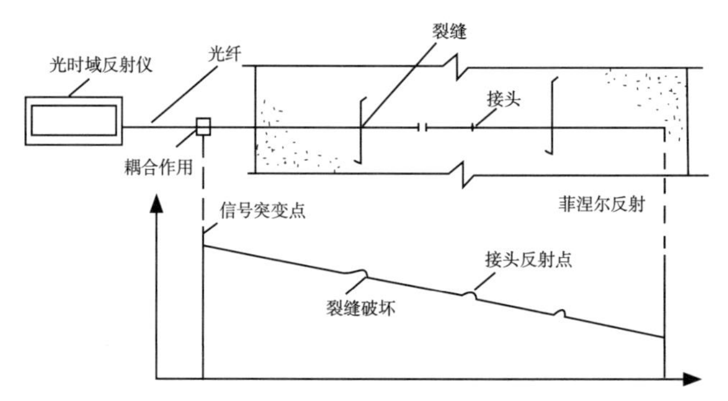

图 5-12　OTDR 实现裂缝监测的光学布置图与衰减曲线

由空心光纤性能可知，空心光纤衰减特性主要是由于光传播时受到空心处纤芯与空气所成界面影响引起的，这一衰减特性沿轴向有规律地变化着。用光纤材料制作智能混凝土结构，主要是将光纤直接埋入混凝土结构中。光纤埋入混凝土结构的设计准则：光纤与混凝土之间未加载前所产生的应力、应变的最小状态是选择光纤包层的依据，以使混凝土、光纤横截面以及光纤与混凝土间界面上的应力最小。当结构因受力和温度变化产生变形或裂缝时，会引起埋置其中的光纤产生变形，从而导致通过光纤的光在强度、相位、波长及偏振等方面发生变化。根据获取的光的变化信息，可确定结构的应力、变形和裂缝，实现结构应力、变形和裂缝的自监测和自诊断。

5.2　仿生自愈合混凝土

混凝土作为一种脆性的复合胶凝材料，其结构在受力或其他因素作用下会出现损伤并产生微裂缝。混凝土在设计之初允许部分微裂缝的产生，只要不超过所要求的裂缝宽度标准，微裂缝不会影响混凝土的正常使用。然而，微裂缝的出现为腐蚀性物质（例如氯化物、硫酸盐和碳酸盐）提供了有效的渗透路径。这些腐蚀性物质不仅会引起混凝土内部钢筋的腐蚀，降低混凝土结构的抗震能力和耐久性，还使混凝土发生降解，使微裂缝发展成为宏观裂缝，从而影响建筑安全性能。相较于人为修复的高成本与局限性，混凝土微裂缝的自我修复能够有效规避此类问题。因此，研究和开发新型仿生自愈合混凝土，使其能主动、自动地对损伤部位进行修复，恢复提高混凝土材料的各项性能，成为混凝土结构功能（智能）一体化的发展趋势。

5.2.1　仿生自愈合原理

仿生自愈合混凝土是模仿动物的骨组织结构和创伤后的再生、恢复机理，采用粘结材料和基材相复合的方法，使材料损伤破坏部位具有自行愈合和再生功能，恢复甚至提高材料各项性能的新型复合材料。

5.2.2　仿生自愈合类型

混凝土自愈合技术主要分为自主愈合和自生愈合两种类型：自主愈合是借助外来组分或结构对基体裂缝进行修复的一类技术，其中主要包括添加中修复型微胶囊、微生物、空纤维管等材料和再水化自愈合等方法达到自主愈合的目的；自生愈合则是使用水泥基体中固有或常有组分，依靠内部自身再次水化或活性反应达到愈合的一类技术。

1. 微胶囊自愈合

微胶囊是通过成膜材料包覆分散性的固体、液体或气体而形成的具有核 - 壳结构的微小容器。将修复剂通过微囊法封装在壳体内部，其壳体既要防止外界因素影响修复剂，又要在基体破坏时提供一个驱动力释放修复剂。所以，壳体必须有足够的强度且在工作之前保持完好无损；最重要的是拥有足够的敏感性，在发生破坏时能够迅速破裂并释放修复剂，这就要求微胶囊与基体能够紧密结合。同时，修复剂要具备良好的流动性，可长期储存，保证工作的稳定性。自愈合微胶囊类型众多，如普通自愈合微胶囊、缓释自愈合微胶囊与荧光标记自愈合微胶囊等。

（1）普通自愈合微胶囊

以脲醛树脂封包环氧树脂 E-51 微胶囊为例，介绍普通自愈合微胶囊的自愈效果。脲醛树脂封包环氧树脂 E-51 微胶囊是以环氧树脂 E-51 为芯材、脲醛树脂为壁材，通过原位聚合法制备的自修复微胶囊。制备过程如图 5-13 所示，具体过程包括：

①制备预聚体：将尿素和 37wt% 的甲醛溶液按物质的量比 1 : 2 混合加入 500ml 圆底烧瓶中，待尿素全部溶解，用三乙醇胺调节溶液 pH=8.0 ~ 9.0 后，在 70℃恒温水浴下用 400 ~ 450r/min 的转速搅拌 1h，得到脲醛树脂预聚体。

②乳化阶段：称取一定质量的乳化剂十二烷基苯磺酸钠（SDBS）和适量的去离子水，将环氧树脂 E-51 和稀释剂正丁基缩水甘油醚（BGE）按一定的质量比超声混合 30min，将它们加入大口三角烧瓶中，50℃下用 1300r/min 恒温搅拌 40min，搅拌过程中加入消泡剂正辛醇，得到稳定的芯材乳液。

③酸化阶段：将脲醛树脂预聚体加入芯材乳液（取芯材和壁材的质量比为 1∶1），再用 NH_4Cl（氯化铵）和 NaOH 调节 pH 值为 1 ~ 3，用 900r/min 搅拌，在 50℃下反应 1h。

④固化阶段：加入一定质量的固化剂间苯二酚，升温至 60℃，此过程时间为 1.5h。

⑤后处理阶段：用 NaOH 调节 pH 值为中性，将所得的微胶囊悬浊液过滤后置于电热恒温鼓风干燥箱中 100℃烘干，即得脲醛树脂颗粒和微胶囊的混合物，再将其用震击式标准振筛机分筛出大颗粒的脲醛树脂颗粒，同时可以分筛出不同粒径的微胶囊。

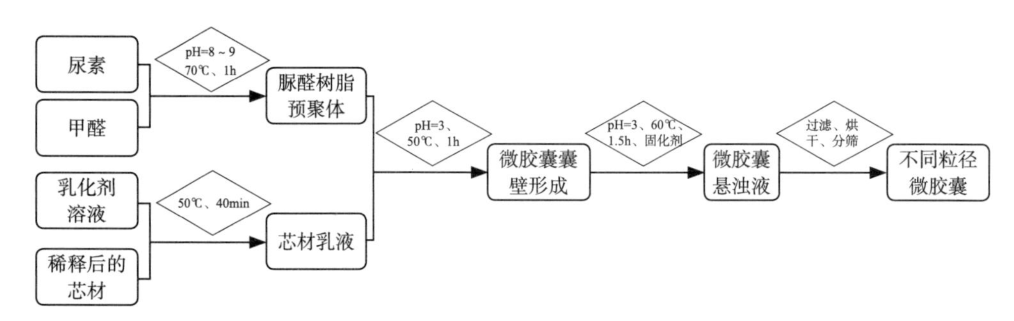

图 5-13　微胶囊制备过程

自修复微胶囊在水泥基材料中的修复效果主要取决于以下因素：芯材的固化反应、芯材在裂缝中的渗透性、微胶囊的破裂形态和芯材固化后在裂缝中的粘结强度。所以，自修复微胶囊在水泥基材料中修复率的影响因素包括预压力大小、芯材固化剂掺量、芯材稀释剂含量、自修复微胶囊粒径和掺量。可通过单因素试验分别分析上述条件对自修复微胶囊水泥基材料修复率的影响，从而得出修复率最高的修复条件。自修复微胶囊水泥基材料的修复条件水平如表 5-2 所示。

自修复微胶囊水泥基材料的修复条件水平　　表 5-2

试验编号	预压力	芯材固化剂 / 微胶囊	微胶囊 /（微胶囊 + 砂）	微胶囊粒径 / μm	芯材稀释剂 / 芯材	短龄期修复率 /%
1	0.6 σ_{max}	9%	4%	150~300	0	5.5
2	0.75 σ_{max}	9%	4%	150~300	0	7.5
3	0.9 σ_{max}	9%	4%	150~300	0	6.2
4	0.75 σ_{max}	0%	4%	75~150	0	1.2
5	0.75 σ_{max}	9%	4%	75~150	0	8.1

续表

试验编号	预压力	芯材固化剂 / 微胶囊	微胶囊 /（微胶囊 + 砂）	微胶囊粒径 / μm	芯材稀释剂 / 芯材	短龄期修复率 /%
6	0.75 σ_{max}	20%	4%	75~150	0	13.9
7	0.75 σ_{max}	30%	4%	75~150	0	10
8	0.75 σ_{max}	40%	4%	75~150	0	7.1
9	0.75 σ_{max}	20%	4%	150~300	0	12.5
10	0.75 σ_{max}	20%	5%	75~150	0	15.3
11	0.75 σ_{max}	20%	6%	75~150	0	24.1
12	0.75 σ_{max}	20%	7%	75~150	0	17.5
13	0.75 σ_{max}	20%	8%	75~150	0	15.4
14	0.75 σ_{max}	20%	6%	75~150	5%	20.8
15	0.75 σ_{max}	20%	6%	75~150	10%	17.6

图 5-14 对应表 5-2 中的试验编号 6 和 10 ~ 13。图 5-14 是微胶囊粒径在 75 ~ 150μm，预压力为 0.75 σ_{max}，芯材固化剂为 20%，芯材稀释剂为 0 时，不同微胶囊掺量对应的短龄期修复率。当微胶囊掺量在 4% ~ 8% 时，短龄期修复率先增加后减少，在 6% 时达到最高为 24.1%。此时为最佳修复率。

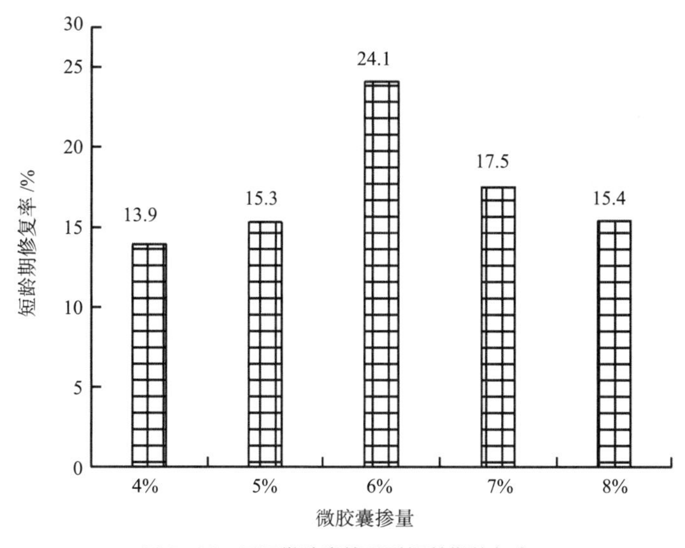

图 5-14　不同微胶囊掺量时短龄期修复率

（2）缓释自愈合微胶囊

缓释自愈合微胶囊是以蒙脱土改性的环氧树脂（E-44 和 E-51）为芯材，乙基纤维素（EC）为壁材，通过溶剂蒸发工艺制备的缓释型自愈合微胶囊（RHM）。蒙脱土（RHMM）改性环氧树脂（ER）的缓释型自愈微胶囊的制备过程如图 5-15 所示。首先，在烧杯中称取 280ml 二氯甲烷，在二氯甲烷中称取 15g EC，并使用磁力搅拌器搅拌 1h，直至 EC 完全溶解到作为囊壁材料的二氯甲烷均匀溶液中。其次，称取 40g 明胶并溶解在 750g 去离子水中，再称取 15g E-51/E-44 和一定量的蒙脱土，并在数字显示恒速水 - 油两用锅中搅拌 1h，作为芯材。再次，将囊壁材料的混合溶液缓慢逐滴加入芯材溶液中，水浴加热至 30℃并以 800r/min 搅拌 4 ~ 5h。最后，升温至 42℃，以固化微胶囊并使溶剂完全蒸发，使用定性滤纸过滤出水溶液，然后收集滤饼。微胶囊用去离子水洗涤 3 ~ 4 次，并在烘箱中干燥 48h。

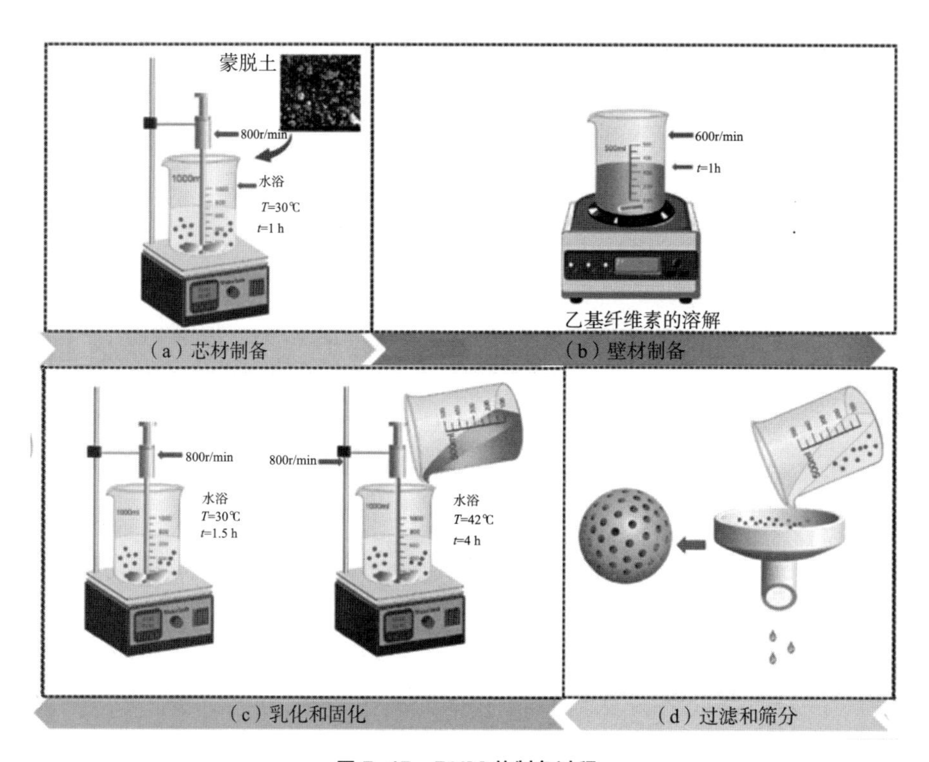

图 5-15　RHM 的制备过程

图 5-16 显示了 RHM 和 RHMM 在乙醇和水的比例为 3∶1 的混合物中 48h 的累积释放曲线。分别由掺杂 9%、6%、3% 和 0 蒙脱土的 E-44 和 E-51 制备的 RHM 芯材在 9h 具有最大的释放曲线斜率，累积释放率达到 10.4%，11.1%、16.2%、18.5%、18.9% 和 30.1%。表明 RHM 的释放速度在 0 ~ 9h 内相对较快。9h 后，曲线斜率减慢，缓释微胶囊中芯材的释放速度变得稳定。其中含 9%、6%、3% 蒙脱土的 E-44 制备的 RHM 芯材在 48h 的累积释放率分别达到 27.1%、27.3%、37.5%。所有黏度水平的微胶囊均表现出良好的缓释性能。而当 RHM 的芯材为 E-51 时，它可以始终保持最高的累积释放速率。

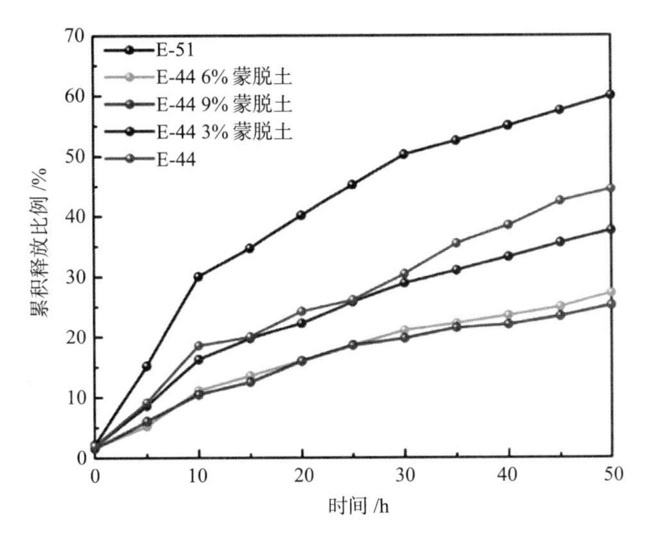

图 5-16 RHM 的累积释放曲线

（3）荧光标记自愈合微胶囊

荧光标记的自愈合微胶囊不仅具有优异的微裂纹愈合能力，还可将微裂纹的愈合过程可视化。荧光标记的自修复微胶囊不仅能检测微裂纹的具体位置，还能修复微裂纹，并定量化表征微裂纹的宽度。水泥基自愈合材料孔隙结构的变化主要是由于芯材释放到微裂纹和孔隙中，从而实现愈合效果。荧光标记为微裂纹自愈行为的可视化和量化提供了独特的见解。

荧光标记自愈合微胶囊的制备过程如图 5-17 所示：

①荧光素钠标记的环氧树脂的制备：环氧树脂和荧光素钠以一定的质量比通过超声波均匀混合，然后加入一定浓度的 SDBS，最后在 50℃下搅拌速度为 1200r/min，持续 40min；

②预聚物的制备：尿素和甲醛溶液在圆底烧瓶中以 1 : 1.5 的摩尔比混合。当尿素完全溶解时，用三乙醇胺将溶液的 pH 值调节至 8.0 ~ 9.0。然后，将装有混合溶液的烧杯固定在磁力搅拌器上，将温度调节至 70℃、速度为 450 r/min，反应时间为 1h；

③荧光标记自愈合微胶囊的合成：将脲醛树脂预聚物以 900r/min 的搅拌速率添加到芯材和荧光素钠的混合乳液中。然后，用氯化铵和氢氧化钠溶液将 pH 值控制在约 3.0。最后，将含有微囊的悬浮液冷却至室温，过滤并干燥，以获得荧光标记的自愈合微囊。

使用一种透明树脂基体，嵌入荧光标记的自修复微胶囊，然后将样品置于显微镜下。在波长为 488nm 的激光光源的激发下，扫描样品以获得清晰的荧光图像，从而实现了修复基体内部微裂纹的微胶囊的表征。图 5-18 和图 5-19 是内部开裂后嵌入树脂基体中的荧光标记自修复微胶囊的 LSCM 图像。图中没有荧光染料的部分显示为黑色，而完整的微胶囊芯为绿色。在破裂的微胶囊中，微胶囊壳相对比芯更亮，并且在裂缝处

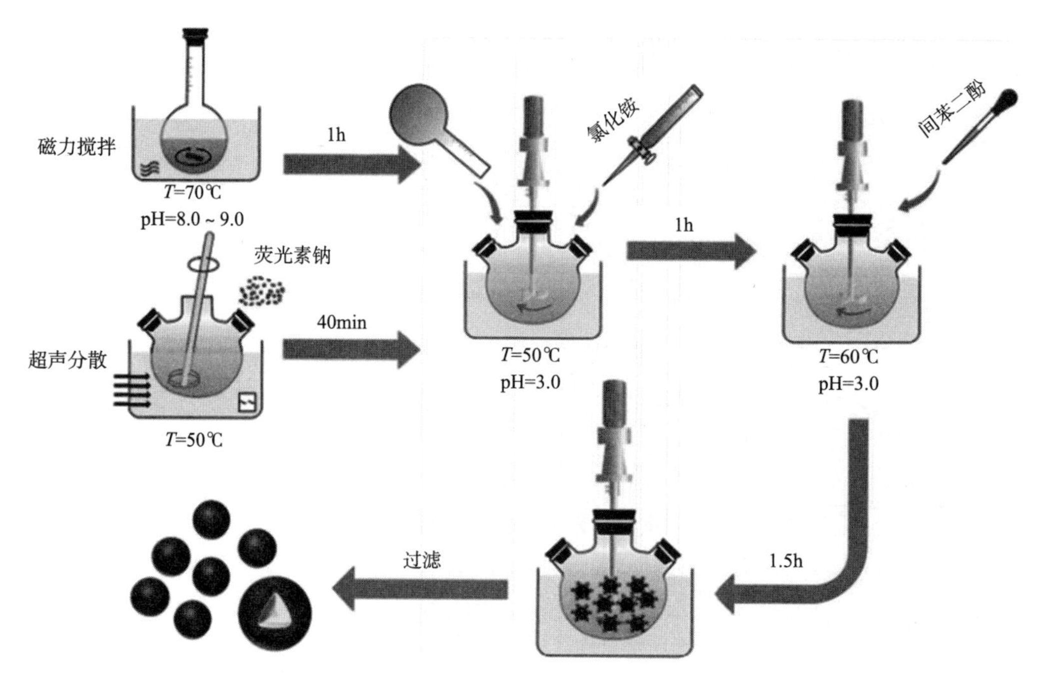

图 5-17　荧光标记自愈合微胶囊的制备过程

开始出现芯材料的释放。这是因为当微胶囊破裂时，芯材向外流动至微裂纹，大量芯材扩散至微裂纹出口并逐渐流入微裂纹。平面荧光图和荧光强度曲线的比较表明，荧光强度曲线可以量化裂纹宽度，平面荧光图测量的实际微裂纹宽度与荧光强度曲线测量的微裂纹宽度之间的变化在 4μm 以内。在图 5-18 和图 5-19 中，微胶囊中的芯材在 12h 后释放 40%，在 21d 后释放 60%。可以看出，微胶囊中的芯材逐渐渗出并流向裂缝。12h 和 21d 的裂纹宽度相差 3μm，恢复率约为 16.7%。微胶囊基本上完全破裂并流出。通过向芯材添加荧光染料，使在紫外波长下从微胶囊释放到微裂纹中的芯材的流动轨迹可视化，实现对基体内部微裂纹的检测。

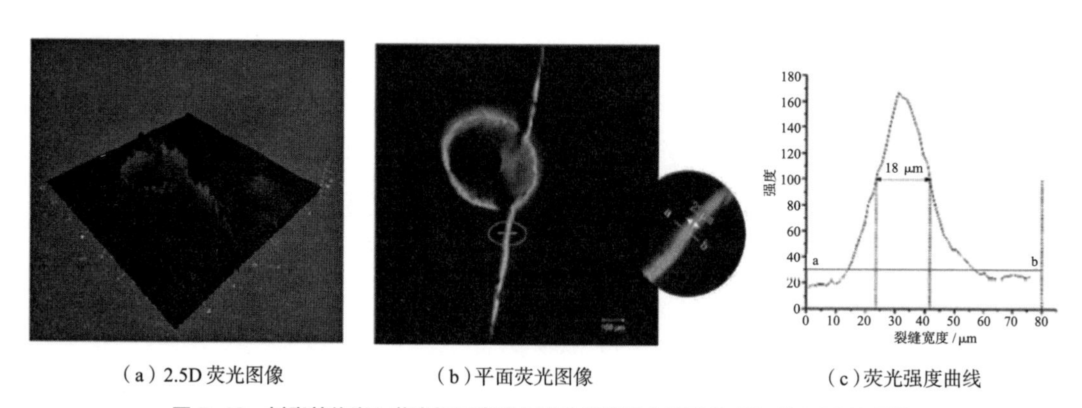

（a）2.5D 荧光图像　（b）平面荧光图像　（c）荧光强度曲线

图 5-18　树脂基体嵌入荧光标记自修复微胶囊修复内部裂纹 12h 的 LSCM 图像

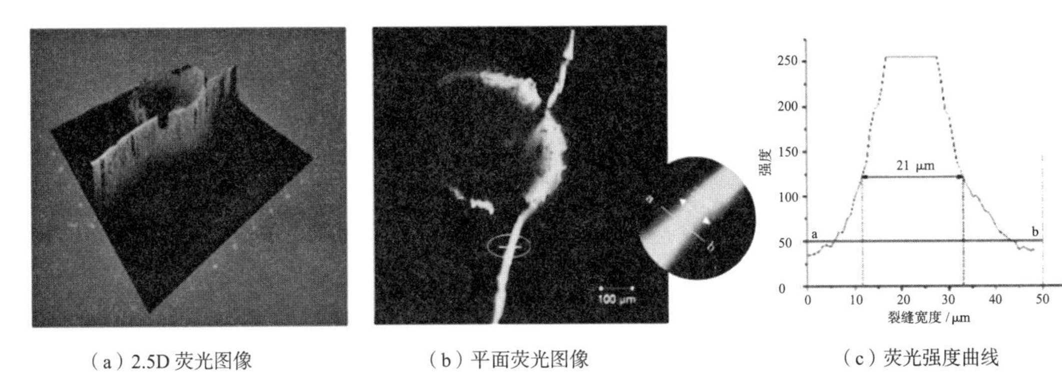

（a）2.5D 荧光图像　（b）平面荧光图像　（c）荧光强度曲线

图 5-19　树脂基体嵌入荧光标记自修复微胶囊修复内部裂纹 21d 的 LSCM 图像

2. 微生物自愈合

目前，生物技术在混凝土领域的引入，促进了“微生物混凝土”或“生物混凝土”新领域的发展。混凝土微生物自愈合技术是通过微生物的新陈代谢产生具有胶结作用的矿化产物实现裂缝愈合。不同于微胶囊和形状记忆合金自愈合的物理化学作用方式，水泥基材料的微生物自愈合是在材料发生开裂后，水分和氧气通过裂缝进入材料内部，激活预先添加的休眠微生物发生新陈代谢活动，生成矿化沉淀，实现愈合微裂纹的目的。微裂纹的自愈合不仅阻断了外界有害离子的侵入通道，而且通过愈合产物的填充作用在一定程度上恢复了力学性能。

（1）微生物自愈合机理

微生物矿化作用是在一定的物理化学条件及有机物质的控制和影响下，自然界中的某些微生物将溶液中游离离子转化为固相矿物的过程（图 5-20）。其中，微生物诱导碳酸钙沉积是利用矿化作用愈合混凝土微裂缝最常见的一种形式。微生物诱导碳酸钙沉淀（MICCP）是微生物通过代谢活动在细胞外形成碳酸钙的能力，生物体代谢产物与周围环境发生反应形成矿物的现象称为生物矿化。微生物利用自身生理活动提供有利于碳酸钙沉淀的碱性环境，通过自养和异养两种方式生成碳酸钙沉淀。光合生物诱导碳酸钙沉积被认为是自然界中最常见的自养型诱导碳酸钙沉淀形式，如藻类微生物（如蓝藻）通过呼吸作用将体内的葡萄糖分解并生成二氧化碳，然后反应生成碳酸，由于细胞壁的负电荷，饱和钙离子被吸引并与碳酸结合生成 $CaCO_3$ 沉淀，如式（5-1）、式（5-2）所示。除此之外，不产氧型光合作用也是自养型诱导碳酸钙沉淀的常见形式。

$$Ca^{2+}+Cell \rightarrow Cell-Ca^{2+} \tag{5-1}$$

$$Cell-Ca^{2+}+CO_{2-3} \rightarrow Cell-CaCO_3 \downarrow \tag{5-2}$$

硫酸盐异化还原是一种异养型硫循环诱导碳酸钙沉淀的形式，通过某类硫酸盐还原菌还原硫酸盐生成硫化氢（H_2S），并释放 HCO_3^-，其代谢过程导致 pH 值上升，在富钙环境下生成 $CaCO_3$ 沉淀。异养型氮循环诱导 $CaCO_3$ 沉淀主要包括反硝化作用和脲解作用以及有机化合物的代谢转换等，如式（5-3）~式（5-6）所示。

$$CO(NH_2)_2+H_2O \rightarrow NH_2COOH+NH_3 \tag{5-3}$$

$$NH_2COOH+H_2O \rightarrow NH_3+H_2CO_3 \tag{5-4}$$

$$2NH_3+2H_2O \leftrightarrow 2NH_4^+ +2OH^- \tag{5-5}$$

$$H_2CO_3+2OH^- \leftrightarrow CO_3^{2-} +H_2O \tag{5-6}$$

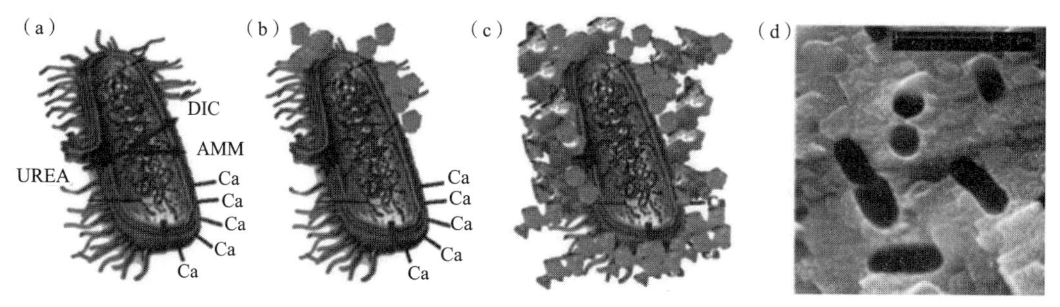

图 5-20　在微生物的帮助下尿素水解引起的碳酸盐沉淀

（2）修复案例

选用一种产碳酸酐酶（CA）的黏液芽孢杆菌 L3，以低碱硫铝酸盐水泥（SC）为载体材料，通过糖衣法制备了一种含有孢子的微生物自愈剂。微生物自愈剂制备如下：

由于硫铝酸盐水泥（SC）具有早强、高强、耐水、耐冻、耐腐蚀、长期稳定等特点，且有学者孔隙溶液的碱度在 10.0 左右，因此采用低碱 SC 作为微生物孢子的保护材料。采用糖衣法制备了孢子包封的微生物自愈剂。首先，通过控制糖衣机的转速，连续喷洒含有培养基（10.0g/L 蔗糖、3.0g/L 酵母提取物、2.5g/L 磷酸氢钾）的去离子水，使粉状孢子滚制成大小为 1.18 ~ 2.36mm 的微球，作为第一个糖衣。其次，加入低碱 SC，连续喷洒去离子水进行二次糖衣；同时，用于第二次糖衣的去离子水和硫铝酸盐水泥的比例控制在 0.1（w/c）。最后，得到粒径为 3.35 ~ 4.0mm 的核壳型微生物自愈剂。其中，内核为粉状孢子，外壳为低碱性 SC。制备的微生物自愈剂如图 5-21 所示。此外，将微生物自愈剂放入标准养护室（RH=90 ± 5%；T=20 ± 3℃）养护 3d，保证在混凝土制备过程中微生物自愈剂不破损。

图 5-22 为培养基中矿化反应 72h 后沉淀 $CaCO_3$ 的 SEM 图，其中（a）和（b）为无微生物培养基的 SEM 图，（c）和（d）为加菌后的 SEM 图。（a）组和（b）组的 $CaCO_3$ 形貌主要是立方体形状堆积形成的大颗粒。而（c）组和（d）组用细菌得到的 $CaCO_3$ 以球形和菱面体为主，粒径较小，但多为球形。这可能是由于细菌可以作为 $CaCO_3$ 晶体的成核位点，并且成核率高于生长率，容易产生小颗粒。因此，微生物诱导的 $CaCO_3$ 倾向于形成粒径较小的球形，这与 $CaCO_3$ 的自然矿化反应不同。

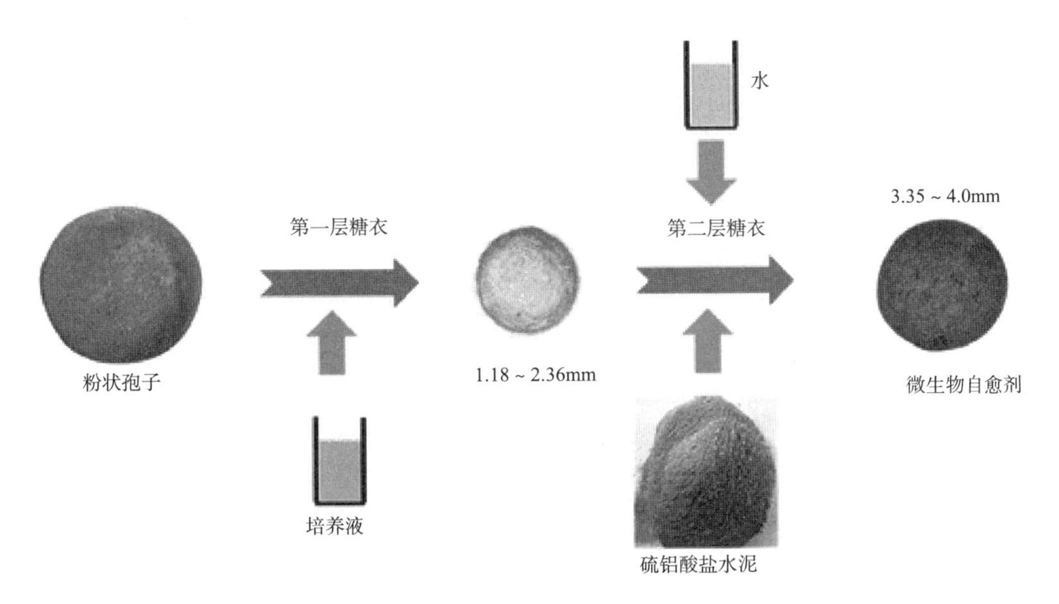

图 5-21　自愈剂制备流程图

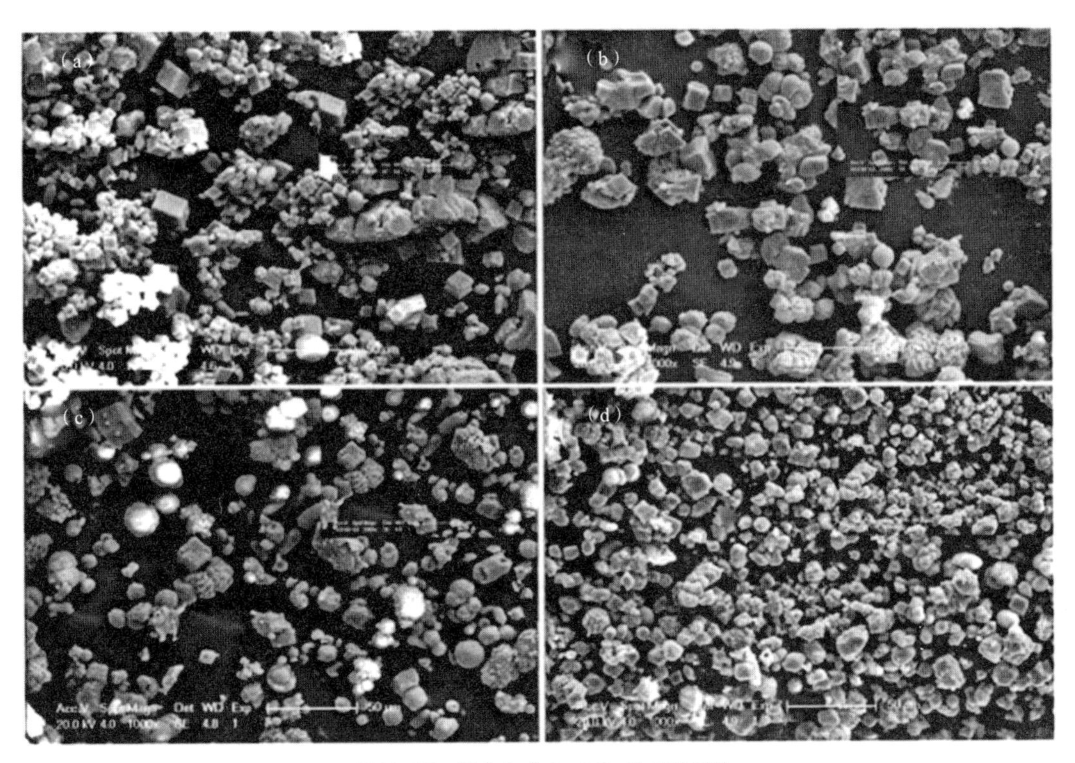

图 5-22　矿化生成 $CaCO_3$ 的 SEM 图

图 5-23 是不同测量位置的裂缝愈合深度，其中（a）是微生物自愈剂中添加的钙源为无机钙源（硝酸钙，N-Ca），（b）是微生物自愈剂中添加的钙源为有机钙源（乳酸钙，L-Ca）。

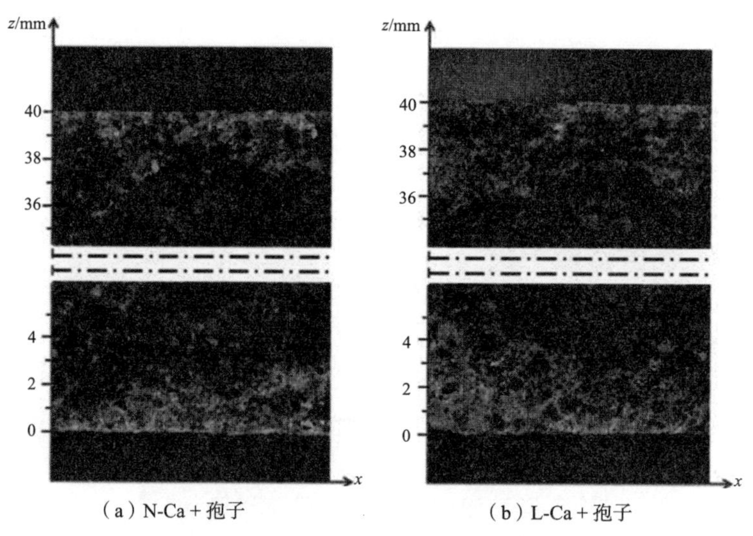

（a）N-Ca + 孢子　　（b）L-Ca + 孢子

图 5-23　愈合 28d 后裂纹愈合深度照片

3. 中空纤维管自愈合

玻璃纤维混凝土应力智能响应的原理为，外界应力使混凝土受到损伤，刺激玻璃纤维智能响应破裂，导致纤维空心内的修复剂流到混凝土的损伤部位，发生化学交联反应，再与混凝土基体胶结或者修复剂与微裂纹表面进行连接，使产生的裂缝得以修复愈合。这种修复可以提高开裂部分的强度，并增强延性弯曲的能力。其设计的修复主要分为三个过程：①内含修复剂的中空纤维事先埋藏于混凝土内；②裂缝的发生使中空纤维破裂，修复剂流出；③修复剂填充、修复裂缝。修复过程如图 5-24 所示。

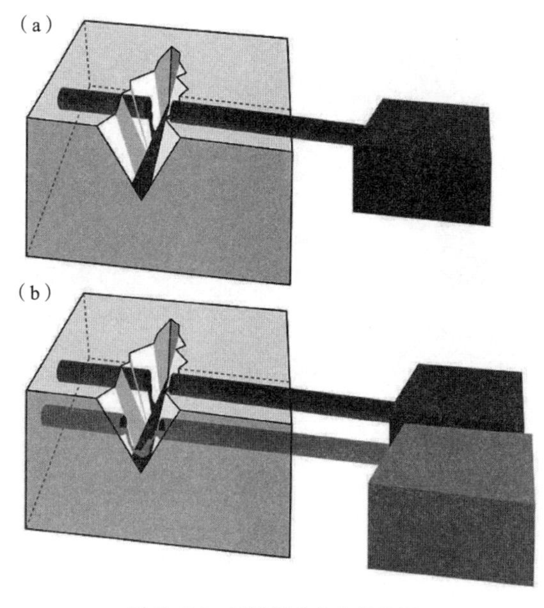

图 5-24　纤维管自愈合效果图

修复案例

将一种中空玻璃管和钢纤维组装在一起，如图 5-25 所示。玻璃管的外径、壁厚和长度分别为 4mm、0.2mm 和 50mm。使用钩端钢纤维，其直径和长度分别为 0.62mm 和 50mm，聚氨酯被用作愈合剂。

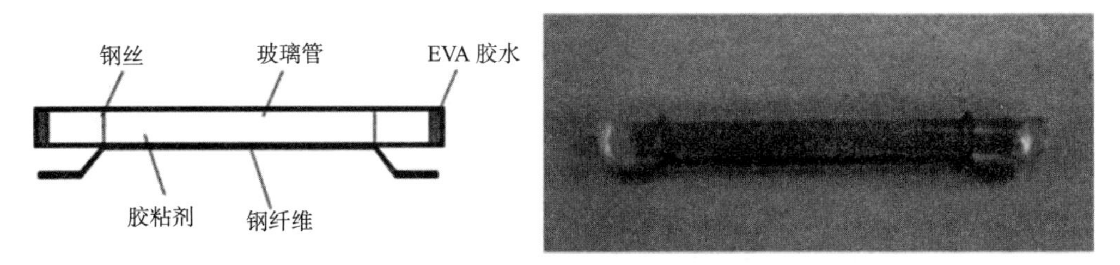

图 5-25　玻璃管和钢纤维的组合图

4. 再水化作用自愈合

一些研究人员研究了充水裂缝的自愈机制，并得出结论，未水化水泥的进一步水化和方解石的形核是胶凝材料自愈的主要原因。由于缺水，大量水泥随着时间的推移保持未水化状态，这种现象在高性能混凝土中尤为可见。如果混凝土裂缝中存在水分渗入，则未水化的水泥将在裂缝中进一步水化，水化产物的形成和生长最终会填充裂缝。多余的水储存在预先混合于水泥浆的胶囊中。当混凝土破裂时，由于强度低，裂缝可以穿过胶囊。水可以以这种方式从胶囊中释放出来，并引起未水化水泥颗粒的进一步水化，裂缝将被水化产物治愈，因此，自愈过程涉及水的输送、离子扩散和水化产物的沉淀。进一步水化的自愈效率主要取决于裂缝的宽度、未水化水泥的量和可用的额外水分。

如图 5-26 所示，将多余的水储存在胶囊中，胶囊中预先混合在水泥浆中。当浆体开裂时，裂缝可以穿过胶囊和一些未水化的水泥颗粒。穿过裂缝的未水化水泥颗粒暴露在裂缝表面，而其他的则嵌入浆体基体中。储存在胶囊中的水在水泥浆开裂后立即释放出来，裂缝充满水。如图 5-26（a）所示，裂缝表面的未水化水泥颗粒一旦与水接触就开始溶解，Ca^{2+} 立即从无水物中扩散出来，然后硅酸盐也扩散出来，因此裂纹中溶液中各种离子的浓度逐渐增加。一旦离子浓度达到沉淀的平衡标准，就会在裂解溶液中形成进一步的水化产物。在进一步水化过程中，由于裂纹形成后裂纹表面有大量的 C-S-H，不会发生水化诱导期。随着在裂缝中未水化的水泥表面形成进一步的水化产物，进一步的水化逐渐减慢并且变得越来越受扩散控制。在此期间，部分离子被消耗形成内产物，而其他部分离子可能扩散到裂纹溶液中，因此裂缝中愈合产物的形成仍在继续，但变得越来越慢。除了裂缝表面的未水化水泥外，一些离子还从嵌入水泥浆内的未水化水泥扩散到裂缝溶液中，如图 5-26（b）所示。这种扩散还可以增加裂缝中溶液中的离子浓度，从而促进裂缝中愈合产物的形成。

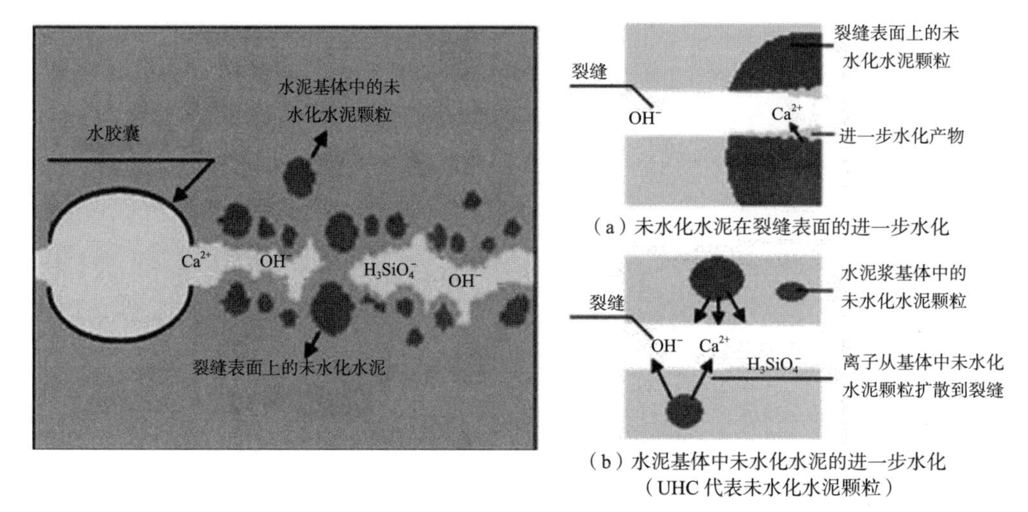

图 5-26　进一步水化机理示意图

5.3　相变储能混凝土

随着社会经济的快速发展，环保与节能引起人们的高度重视，建筑材料的绿色化将成为建材发展的主要方向。将 PCM（相变材料）掺入混凝土中得到的相变储能材料，既保留了与传统建筑材料相符的力学性能，又兼具绿色环保与保温节能的功能，因此，相变材料成为当今研究建筑材料绿色化的新热点之一。PCM 具有吸热储能的作用，将 PCM 掺入混凝土中，能有效调节室内环境温度，缩小温度波动的范围，提高人体的舒适性。此外，掺入相变储能材料的混凝土可以吸收水泥水化反应过程中的部分水化热，减缓水泥水化反应，有利于延缓温升峰值的出现，同时，可以减缓混凝土的内部温升速率，有助于控制因水泥早期水化反应而导致混凝土产生温度裂缝。

5.3.1　相变储能原理

PCM 的物质形态随着外界温度变化而改变。如图 5-27 所示，以固 - 液 PCM 为例，外界温度高于 PCM 的熔点时，PCM 由固态变成液态，PCM 在熔化的过程中吸收和储存大量的潜热（能量）; 外界温度低于 PCM 的凝固点时，PCM 由液态变成固态，会释放大量的潜热(能量)。PCM 在相变过程中存储或者释放的能量称为 PCM 的相变潜热。PCM 的相变潜热数值等于焓变值，因此相变潜热又叫相变焓。PCM 发挥相变作用的相变温度范围较小，但是发挥相变作用时，其自身的温度保持不变或者变化缓慢，因此产生一个很宽的温度变化范围，并且相变过程中伴随着大量相变潜热的转移，这是区别显热材料和绝缘材料的一个特征。

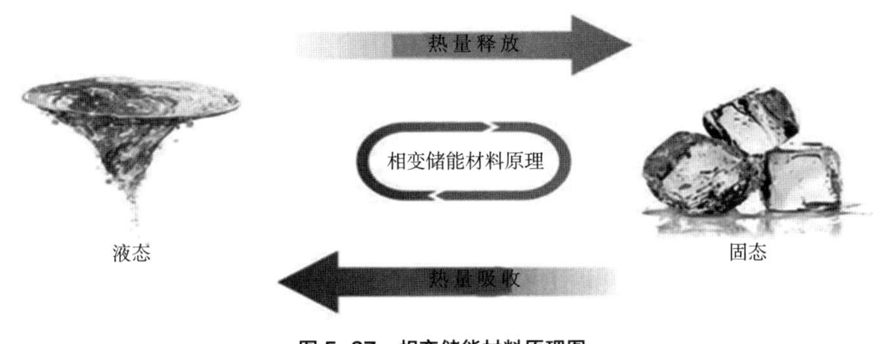

图 5-27　相变储能材料原理图

5.3.2　相变储能类型

PCM 一般可分为有机 PCM 和无机 PCM。有机 PCM 涵盖范围广泛，包括石蜡、脂肪酸及其共晶混合物、酯、糖和糖醇，以及其他有机化合物。然而，它们的导热系数通常很低，在使用过程中容易泄漏和挥发。目前，无机 PCM 主要包括水化盐、熔盐、金属与合金。与有机 PCM 相比，因为潜热和密度更高，无机 PCM 具有更高的体积蓄热密度，但其固有的缺点是熔融体积膨胀大、过冷度大、易相分离，在很大程度上限制了无机 PCM 的实际应用。金属和合金在潜热储能系统中具有很大的发展优势，因为它们的储能密度高，熔化过程中体积变化小，热稳定性好，导热系数比其他 PCM 高几十倍甚至数百倍。制备相变储能混凝土，即通过使用不同的方式将 PCM 加入混凝土中，使之充分混合，成为一体。主要方法有：

（1）直接混合法：将建材基体与 PCM 直接混合于同一容器中，如将吸入 PCM 的半流动性的硅石细粉与建筑基材直接混合在同一容器中，抑或将液体或粉末状 PCM 直接与建筑材料在同一容器中混合，制备出相变储能混凝土；

（2）掺加能量微球法：即利用微胶囊技术或者纳米复合技术把相变储能材料封装成能量微球，再将微球掺入混凝土中制备出相变储能混凝土；

（3）多孔介质吸附法：把具有较大比较面积、较大空隙率的多孔材料作为吸附介质，通过分子之间的范德华力、电场作用及离子浓度差作用等，将相变材料固定到多孔介质孔隙中，制备出符合要求的定型相变材料。目前，建筑中比较常用的多孔介质有膨胀珍珠岩、膨胀石墨、陶粒和泡沫金属。

1. 有机相变储能混凝土

（1）掺石蜡乳液混凝土

PCM 选用德国 Sasolwax 公司 HydroWax 560 石蜡乳液（石蜡颗粒粒径小于 10μm），其固含量（质量分数）为 60%，pH=9.5，黏度为 10 ~ 500mPa · s，相变温度范围为 41 ~ 51℃，相变潜热 136J/g。水泥选用非早强型普通硅酸盐水泥，其强度等级为 42.5MPa；混凝土基本配合比 m（C）: m（W）: m（S）: m（G）=350 : 200 : 700 : 1100，

石蜡掺量为混凝土质量的 4%，石蜡乳液中的水分应计入拌和用水量。采用等体积代砂法将石蜡乳液掺入混凝土中。

当模拟房内温度从恒温骤降时，如图 5-28 所示，普通大体积混凝土温度下降的速度高于相变控温大体积混凝土。其中 ET 代表环境温度，C4 代表普通大体积混凝土，PC4 代表相变控温大体积混凝土。

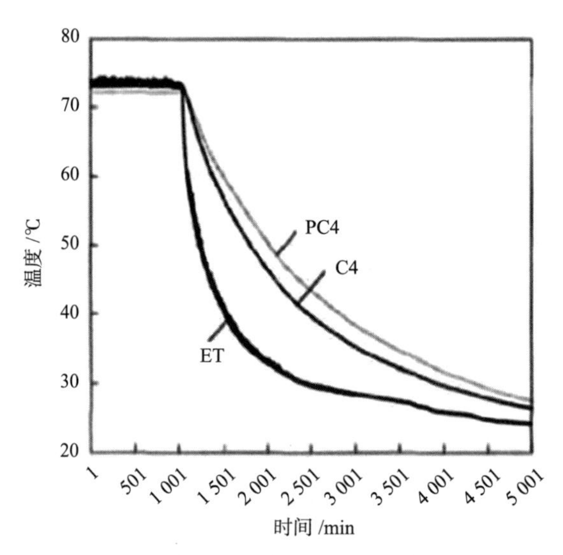

图 5-28　拆模后大体积混凝土温度随时间变化情况

降温前模拟房内环境温度为 73.92℃，普通大体积混凝土表层温度稳定在 73.10℃，相变控温大体积混凝土表层温度稳定在 72.23℃。热源停止供热 342min 后，模拟房内温度降至 45.68℃，普通大体积混凝土表层温度降至 60.00℃，相变控温大体积混凝土表层温度降至 63.03℃。在此期间普通大体积混凝土表层温度降低了 13.10℃，相变控温大体积混凝土表层温度降低了 9.20℃，热源停止供热 1405min 后，模拟房内温度降至 29.86℃时，普通大体积混凝土表层温度降至 40.00℃，而相变控温大体积混凝土表层温度降至 43.81℃，即普通大体积混凝土表层温度降低了 33.10℃，相变控温大体积混凝土表层温度降低了 28.42℃。可见，拆模后相变控温大体积混凝土表层温度降幅较小，降温速度较低，从而避免了混凝土温度裂缝的形成。

（2）癸酸相变微胶囊基混凝土

用原位聚合法制备以脲醛树脂为壁材、癸酸为芯材的相变微胶囊，将微胶囊与水泥在砂浆搅拌机中预混合 2min，然后将砂加入搅拌 1min，再加入高性能减水剂和水搅拌均匀。将搅拌好的砂浆浇入 600mm × 600mm × 30mm 试模中，成型 2d 后拆模，最后将砂浆板移入（20 ± 2）℃环境下养护 28d，即可得到相变储能砂浆板。试验方案及微胶囊微观形貌如图 5-29 和图 5-30 所示。

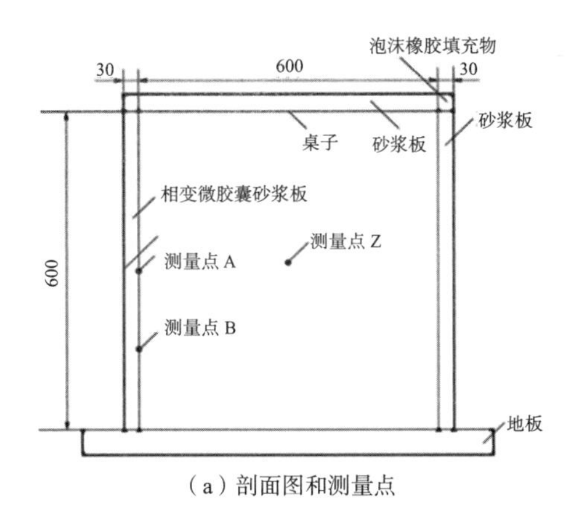

（a）剖面图和测量点

（b）试验箱的实物图

图 5-29　试验方案简图

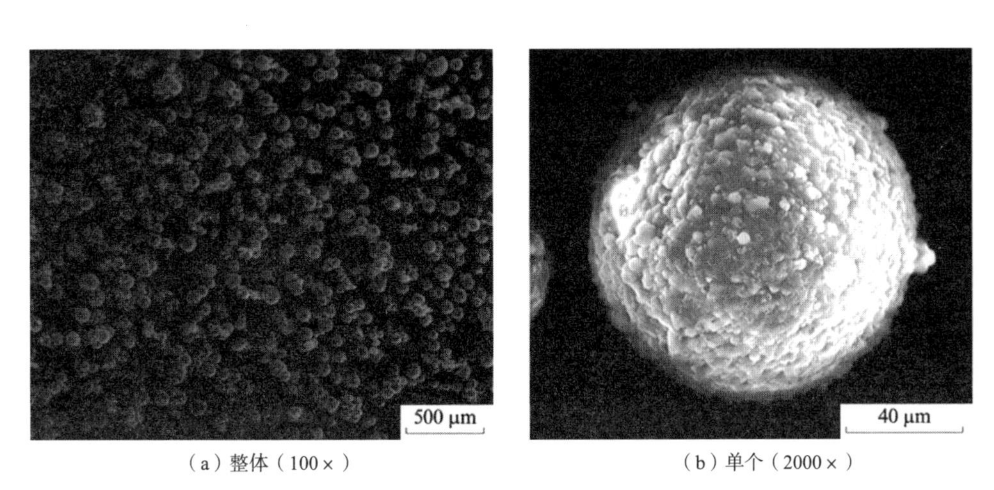

（a）整体（100×）　　（b）单个（2000×）

图 5-30　微胶囊 ESEM 图

图 5-31 是用癸酸微胶囊掺量不同的相变储能砂浆板搭建的试验箱体中测温度点的模拟、试验温度 - 时间曲线，升温速率为 0.25℃ /min。

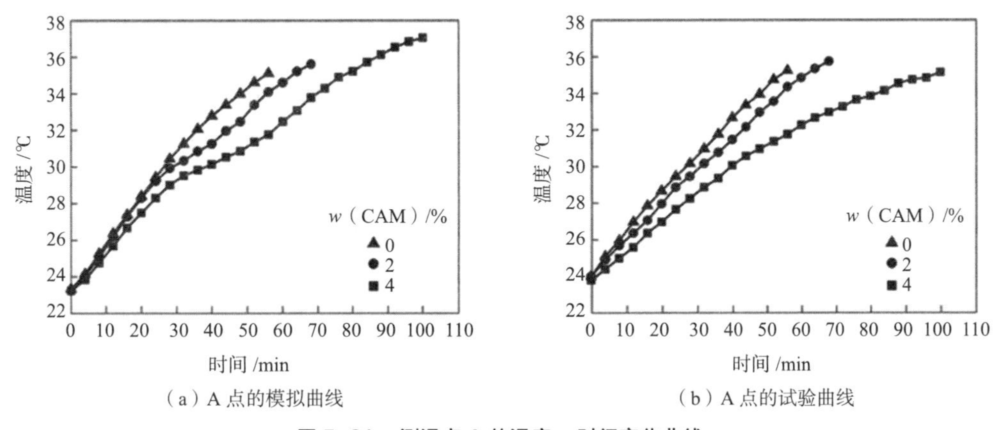

（a）A 点的模拟曲线　　（b）A 点的试验曲线

图 5-31　测温点 A 的温度 - 时间变化曲线

由此可见：刚开始时 A 点的几条温度 - 时间曲线斜率大致相同，由于癸酸的相变温度为 30～33℃，当 A 点的温度达到 30℃左右时，曲线开始出现较明显的转折，斜率有所下降，并且随着癸酸微胶囊掺量的增多，曲线斜率变化更加明显，当温度继续上升到一定数值时，曲线斜率重新变为大致相同；升温过程中，相变储能砂浆板的升温速率减缓，同时在相变温度区间内出现明显的温度平台，相比试验曲线，模拟曲线在相变温度区间内出现的温度平台更加明显，两者出现差异的原因可能是试验环境温度对试验结果产生了一定的影响。

（3）掺月桂醇混凝土

PCM 选用月桂醇：别名十二醇，广州市显研化工科技有限公司生产如图 5-32 所示。

（a）液态

（b）固态

图 5-32　月桂醇外观

膨胀珍珠岩是一种白色或浅灰色颗粒状材料。由珍珠岩矿石经过破碎、筛分、预热和高温瞬间焙烧（1000℃以上）等工序制备而成。在高温焙烧过程中，矿砂中的水分汽化生成水蒸气，导致软化的矿砂内部膨胀，最终使得珍珠岩体积膨胀 10～30 倍。其颗粒内部呈蜂窝状多孔结构，表观密度小，导热系数低，具有无毒、无味、耐火、耐腐蚀、耐酸碱、化学性能稳定以及保温、隔热和吸声性能好等特点，且原材料丰富、价格低廉、施工方便、使用安全，广泛应用于建筑行业。由于膨胀珍珠岩内部稀疏多孔，相比其他材料对液体的质量吸附率优势明显，可作为吸附材料制备相变储能骨料。

导热系数测定仪所用试件的尺寸为 300 mm × 300 mm × 30 mm。采用对应尺寸的模具进行试件的制作，成型后试件外观如图 5-33 所示。混凝土装模前需要在钢模内壁均匀涂抹一层机油，便于拆模方便，防止拆模时试件损伤。导热系数试件要求表面平整度高，需要用抹刀反复抹平试件表面，在试件表面抹平后应防止试件的挪动，保证表面平整。试件制作好后放置在标准养护条件下养护 3d 后脱模，将表面不平处用砂纸进行打磨处理。继续养护至 28d 后进行导热系数测试。制作成型后的导热系数试件（PCI）的外观如图 5-34 所示。

图 5-33 导热系数模具

图 5-34 导热系数试件

试验开始前，需要对试样进行烘干处理，去除试样内的水分对导热系数的影响。试验时首先需要对计量热板和冷板的温度进行设定，试验所用相变材料月桂醇的相变点为 24℃，建筑物室内外温差通常一般不会高于 15℃，因此设定试验温差为 15℃。对固态组的冷板温度设定为 5℃，热板温度设定为 20℃；液态组的冷板温度设定为 30℃，热板温度设定为 45℃。将试件放入导热系数测定仪中，启动测试系统，仪器自动进行导热系数的测定。

图 5-35 为 PC1 混凝土导热系数与相变储能骨料掺量关系曲线。可以看出，相变混凝土的导热系数随着相变储能骨料掺量的增加而降低。相较于基准混凝土，固态组中未封装相变储能骨料掺量为 5%、10%、15% 和 20% 的混凝土导热系数分别降低了 7.97%、9.70%、12.84% 和 19.60%；封装相变储能骨料掺量为 5%、10%、15% 和 20% 的混凝土导热系数分别降低了 4.48%、10.58%、11.01% 和 17.61%。液态组中未封装相变储能骨料掺量为 5%、10%、15% 和 20% 的混凝土导热系数分别降低了 6.99%、9.82%、

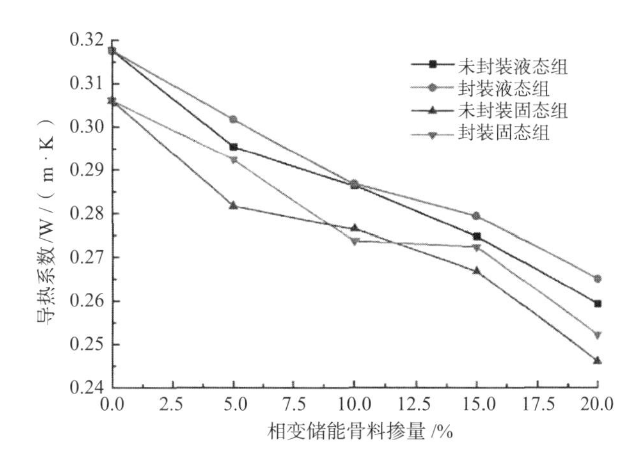

图 5-35 PC1 混凝土导热系数与相变储能骨料掺量关系曲线

13.51% 和 18.36%；封装相变储能骨料掺量为 5%、10%、15% 和 20% 的混凝土导热系数分别降低了 5.01%、9.70%、12.03% 和 16.53%。主要是由于相变储能骨料中月桂醇和膨胀珍珠岩的导热系数均较低，掺入混凝土后导致整体混凝土导热系数下降。

2. 无机相变储能混凝土

太阳盐（Solar Salt，是一种二元共晶盐，$NaNO_3$: KNO_3 的质量比为 3 : 2）因成本低、潜热高和相变体积小而成为最佳中温储热介质之一。采用溶胶 - 凝胶法制备以 GO/SiO_2 为杂化壁材、以太阳盐为芯材的相变微胶囊。

称取 3000g 水泥灰和所需量的相变微胶囊，混合加入砂浆搅拌器内并搅匀。量取 500ml 水均匀地加入搅拌器中，注意保持内部水泥浆流动性均匀。用保鲜膜将搅拌好的水泥净浆包裹起来放入保温桶中，同时，净浆与保温桶之间用纸板隔开，以保证水泥净浆不会肆意流动，保温桶内保持干净，便于后期的清理。GO/SiO_2@Solar Salt 微胶囊相变储热材料混入水泥浆的蓄热性能包括太阳盐熔融和结晶期间的相变温度、相变焓、比热容、微胶囊 PCM 的 ER 和 EE 以及材料的过冷度 ΔT（$\Delta T=T_m-T_c$，其中 T_m 和 T_c 分别是材料的熔融和结晶温度）。

图 5-36（a）和（b）显示了 Solar Salt、SiO_2@Solar Salt 和 GO/SiO_2@Solar Salt 微胶囊的 DSC 曲线与特征相变温度。纯太阳盐 DSC 曲线主要包含 220℃左右的两个放热 / 吸热峰，熔融和结晶温度为 226.1℃和 219.0℃、相应的相变焓分别为 112.93J/g 和 110.91J/g。可以看出，太阳盐被很好地封装，并且涂覆的微胶囊仍然保持太阳盐的热行为。相变温度接近太阳盐的相变温度，可以看出微胶囊的 ER 和 EE 均超过 60%。1%GO 的相变焓 ΔH_m/SiO_2@Solar Salt 微胶囊为 71.89 J/g，ΔH_c 为 67.21 J/g，ER 和 EE 分别高达 63.66% 和 62.14%。相变过程中的吸热和放热行为是微胶囊相变储热材料的主要工作机理，差示扫描量热分析结果证明了其使用价值。与纯太阳盐相比，EE 和 ER 降

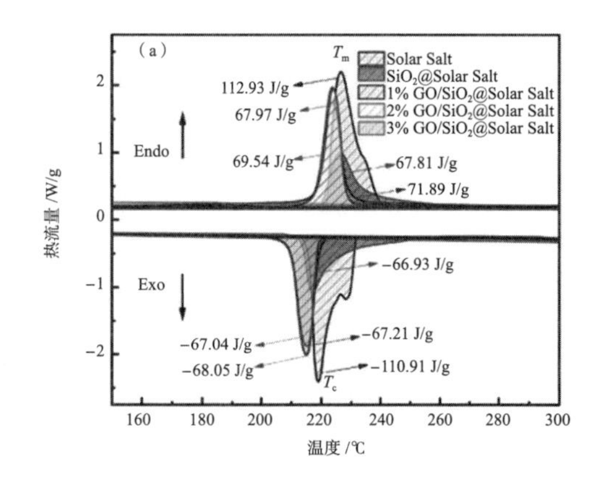

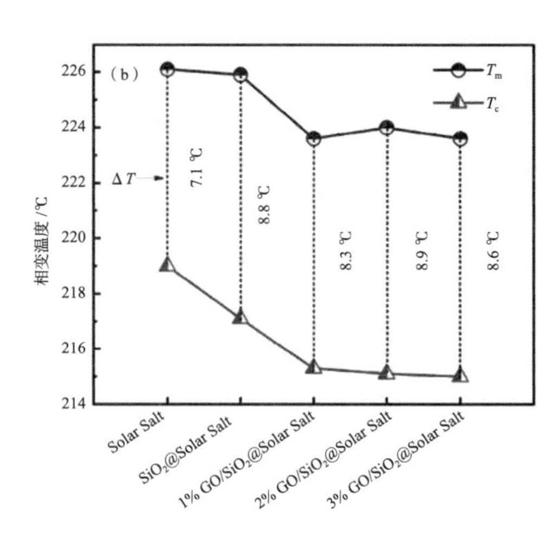

图 5-36 （a）DSC 热图；（b）特征相变温度

低了约 37%。与不规则硝酸盐涂层相比，这一比例相对较大，但与小体积规则微胶囊复合材料相比，仍是正常的。这是因为单个小体积微胶囊的核壳密度小于大体积不规则涂层材料的核壳密度，并且比表面积的增加提高了壳材料的比例，降低了 EE 和 ER。可以观察到，封装微胶囊材料的 ΔT 增加了约 1.7℃（24%）。之所以发生这种过冷现象，是因为微胶囊外壳材料本身没有相变行为。当外部热量通过外壳传递到堆芯、达到 PCM 的相变温度时，外壳的温度高于堆芯内部的温度，从而增加过冷度。总体看来，掺入 GO/SiO_2@Solar Salt 微胶囊的水泥浆体具备良好的控温效果。

5.4　自清洁混凝土

目前，雾霾、酸雨、风化、微生物侵蚀等环境问题日益严重，对混凝土表面进行“粉饰”的传统防护方法难以长期保持表面清洁度。有机、无机污染物与微生物的增加更是对建筑体的清洁度、使用寿命产生了极大威胁，不仅影响建筑体表面的外观清洁度与内部强度，而且极易粘附在混凝土表面与裂缝处，难以清除。微生物或其他污染物在建筑体表面长期富集，导致混凝土出现明显的腐烂，产生黑点，严重影响建筑物的美观与自身强度。因此，建筑体表面的保护成为亟待解决的重大问题。

针对非生物污染物，可以通过分析“荷叶效应”，利用憎水原理将饰面清水混凝土表面改造为憎水性表面，探究“仿生”自清洁材料的疏水、自清洁性能，探索并形成一套完整的饰面清水混凝土自清洁技术，提高清水混凝土表面的致密性和耐久性，可以有效解决外墙因被土壤、灰尘、油渍等玷污而影响建筑物墙体外观及耐久性的问题，减少后期清洗、维修建筑物墙体等活动对环境造成的不良影响。对于微生物的污染，可以利用生物灭杀技术，即使用杀菌剂对微生物进行抑制、灭杀。将杀菌剂按照一定的比例掺入混凝土中，使微生物不能在混凝土上附着生长，以此达到防腐目的。杀菌剂可分为氧化性杀菌剂和非氧化性杀菌剂，其中氧化性杀菌剂包括氯系列、溴系列、过氧化氢等，此类杀菌剂的特点是破坏微生物的酶系统，进而对微生物产生灭杀作用，杀菌效果强，使用成本低。非氧化性杀菌剂主要通过与氨基酸结合并形成络合物沉淀，使蛋白质的内部结构破坏凝固，从而完成对微生物的抑制灭杀作用，这类杀菌剂包括醛类、含氰类、季铵盐、季磷盐等。

5.4.1　自清洁原理

国内外学者对自然界的疏水表面进行了大量研究，发现除荷叶以外，玫瑰花瓣、蝴蝶翅膀、蚊子复眼等都具有疏水性。通过对荷叶表面的微观形貌进一步分析研究，在扫描电镜的帮助下发现荷叶有很多微尺寸的乳突结构，这种乳突结构覆盖着纳米蜡质晶体，研究人员认为这些粗糙的微米乳突和低表面能的蜡质晶体是荷叶表面具有疏水性的关键，并据此提出“荷叶效应”的概念。荷叶的表面有一层茸毛和一些微小的蜡质颗粒，在这些纳米级颗粒上，水不会向荷叶表面其他方向蔓延，而是汇聚成球体，形成雨水或者露珠，这些滚动的水珠会带走叶子表面的灰尘，从而达到清洁效果。一种仿生复合材料所具有的特性，像荷叶一样具有自动清洁的功能，称为“荷叶效应”。

“荷叶效应”的仿生学原理是自清洁技术开发的基础。由于荷叶具有疏水、不吸水的表面，落在叶面上的雨水会因表面张力的作用形成水珠，换言之，水与叶面的接触角会大于 150° ，只要叶面稍微倾斜，水珠就会滚离叶面。因此，即使经过一场倾盆大雨，荷叶的表面总能保持干燥。此外，滚动的水珠顺便把一些灰尘污泥的颗粒一起带走，达到自我洁净的效果，这就是荷叶总能一尘不染的原因。

鉴于“荷叶效应”的憎水原理，考虑将混凝土表面改造为憎水性表面，使其对水类污染物具有隔离作用，而粉尘类污染物则能通过冲洗去除。在憎水性表面失效前，无机材料表面将在一定程度上与以上污染物隔离，从而对环境中的有害物质有一定的抵御能力和自清洁能力，提高耐久性，长期保持整体美观性，如图 5-37 和图 5-38 所示。

微生物会在混凝土表面繁殖代谢形成生物膜，生物膜不仅影响微生物的繁殖生长环境，而且影响腐蚀介质的传质过程。目前对生物膜的研究相当匮乏，但已有的结果表明：嗜酸菌只在生物膜的表层生长，而嗜热菌在生物膜内有很强的繁殖能力。生物膜对微生物具有保护作用，而且由于它是细胞组织结构，因此对杀菌剂等均表现出明显的阻抗性。微生物可以在生物膜内大量繁殖，并伴随生物硫酸进入混凝土内部，故而在一定的 pH 环境下对混凝土造成严重的腐蚀破坏。

图 5-37　荷叶表面 SEM 图片

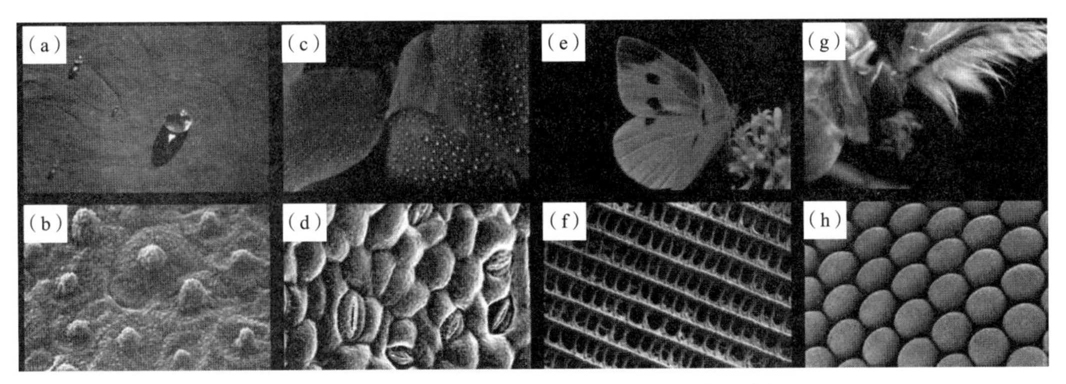

图 5-38 自然界中存在的疏水表面及其表面微观结构

5.4.2 自清洁类型

1. 超疏水自清洁

超疏水材料是指材料表面与水的接触角大于 150° 而滚动角小于 10° 的材料，可以将具有超疏水特性的材料制备成疏水涂层或加入基体内部结构中进行广泛应用，如玻璃表面的防污处理等。超疏水混凝土主要用于道路或者桥梁结构设施表面，有自清洁和抗腐蚀的作用，能够保证内部混凝土不受外界损害。

超疏水材料的出现，为混凝土防水提供了一个新型的方案，超疏水材料能够借助雨水等的冲刷保持材料表面干净，一方面在混凝土结构表面形成防护涂层，防止结构发生腐蚀和冻融；另一方面减少清洁成本，从而保证高空施工人员的安全，此外，还能够降低高额的人工清洁费用。超疏水混凝土的诸多优势，使其具有极大的应用潜力和前景，将受到市场青睐。

固体表面一个非常重要的性质之一是润湿性，它可以用来表示液体在固体表面上的铺展能力。对于超疏水材料，一般当材料表面的水接触角超过 150° 的时候定义为超疏水表面;水接触角在 90° ~ 150° 之间时，称为疏水表面，水接触角低于 90° 则为亲水表面。这三种情况对应于图 5-39 中的三种情况，接触角是表征超疏水材料润湿性的重要指标之一，即液体表面与固体表面接触的一瞬间产生的一个夹角，而这个夹角决定了超疏水材料的润湿性能。从图 5-39（a）可以明显看到液体在固体表面表现出较平的形状，这是由于亲水表面的水接触角不超过 90°，液体滴到固体表面，立刻就会浸润。从图 5-39（b)、(c）可以看出，通过在材料表面构筑微纳米二元复合结构并降低表面自由能，可使材料表面润湿性能发生显著改观。

一般来说，超疏水表面具有两个特征：足够的粗糙度和极低的表面能。使基体表面呈现出超疏水特性的途径通常分为两类：一类是利用有机硅烷类物质或者氟树脂等低表面能物质修饰基体粗糙表面；另一类是在疏水表面构造一定的粗糙度。国内外研究人员据此提出了两种制备超疏水混凝土的思路：一种是涂层法，即先制备出超疏水涂层，然后将这种涂层覆盖在混凝土的表面，从而使得混凝土表面具有超疏水性能；另一种根据“二元协同作用”原理，在搅拌混凝土时加入氟硅类物质，使得混凝土自身拥有超疏水性。涂层法是通过在粗糙表面修饰低表面能物质，通常用于制备疏水表面的低表面能材料主要有聚硅氧烷、氟碳化合物以及其他的聚合产生的有机物（如聚乙烯、聚苯乙烯等物质）。通过模板法、刻蚀法、溶胶 - 凝胶法、相分离法、静电纺丝法、喷涂法、浸涂法等方法得到一种新型涂层，将这种涂层覆盖在混凝土表面，从而使混凝土具备超疏水材料的性能。超疏水材料必须具备两个条件：第一是具有低表面能物质；第二是自身具有微米级和纳米级结构；将两者协同作用后，超疏水材料在接触角、滚动角、耐磨性、耐腐蚀性方面均具有较大提升，通过向混凝土加入低表面能材料（聚硅氧烷、氟碳化合物及其他有机物），然后在混凝土表面构造出微米级和纳米级结构，在两者的协同作用下形成超疏水混凝土。

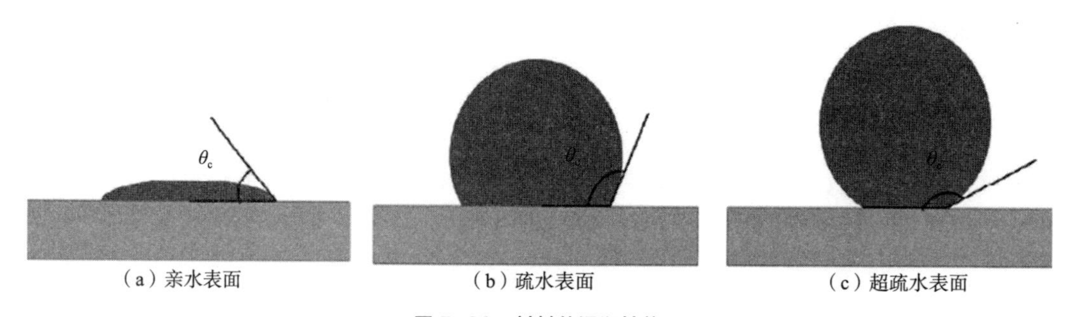

（a）亲水表面　（b）疏水表面　（c）超疏水表面

图 5-39　材料的湿润性能

（1）超疏水混凝土的制备

利用电子天平各称取一部分细砂和 PO 42.5 水泥放入烧杯中，采取人工手法混合一部分细砂与水泥，然后在混凝土搅拌机中搅拌 30min，加入适量的水继续搅拌 1h，再用针管注射器加入超疏水纳米材料，将搅拌机调至慢速搅拌 1h，搅拌完成后将混凝土和超疏水纳米材料的结合物浇筑到模具中，选用编织方式相同而目数不同的铜网和不同孔径的冲孔板作为超疏水性混凝土表面模板，在混凝土表面形成多尺度的粗糙结构，加以定型，最后将搅拌完成的混凝土浇筑到模具当中，并确保温度适宜，浇筑成型后 24h 脱模，即得到超疏水混凝土。图 5-40 为超疏水混凝土的制备流程图。

（2）超疏水混凝土润湿性测试

润湿性是用来判断超疏水混凝土表面润湿性性能的方法，一般使液滴滴在混凝土的表面，根据混凝土表面的液滴变化，判断出超疏水混凝土的润湿性。为了在测试和拍照时能够更好地观察超疏水混凝土表面液滴的变化情况，使用实验室自制蒸馏水作为测试液滴，并且在其中加入适量的甲基蓝，让液滴变为蓝色。

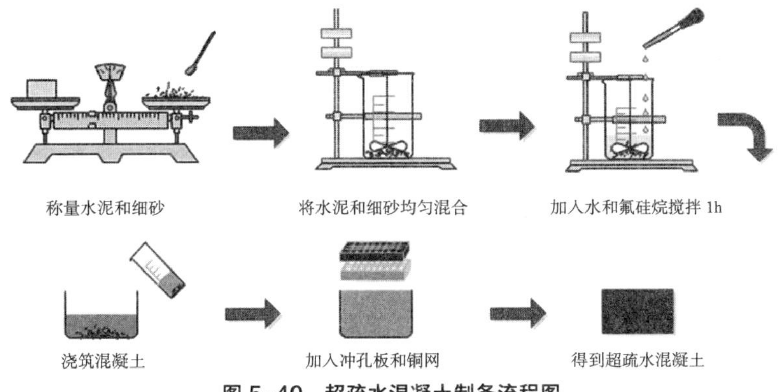

图 5-40　超疏水混凝土制备流程图

从图 5-41（a）中发现，在混凝土表面不同位置选取四个不同的点测量接触角与滚动角，得到接触角与滚动角数值，将 5 组数据进行合并，然后计算出平均值及其波动范围。试验表明超疏水混凝土的润湿性非常差，但其表面的接触角非常高，测量得到超疏水混凝土接触角最高可达 156°　。在图 5-41（b）中，采用同样的试验方法，当液滴滴在普通混凝土表面时，液滴没有形成任何形状，而是快速地与混凝土表面溶在一起，表面有明显的打湿痕迹，说明普通混凝土的润湿性好，但其接触角特别低。结果表明，超疏水混凝土的润湿性能差，但接触角较高。

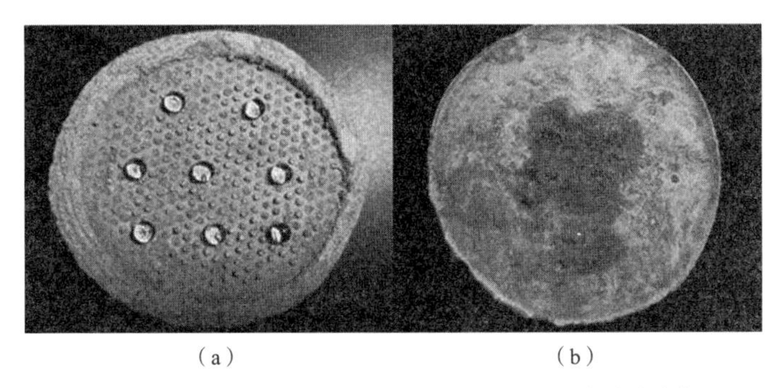

（a）　　　　　　　　（b）

图 5-41　水滴分别滴在超疏水混凝土和普通混凝土试件的表面

（3）超疏水混凝土润湿性测试

自清洁性能是超疏水混凝土最重要的特性，大量工程设施尤其城市混凝土设施需要经常进行人工养护和清洁，因此对超疏水混凝土的需求极高。采用以下方法可直观地展示超疏水混凝土的自清洁性能。

试验材料：直径 50mm、厚度 20mm 的超疏水混凝土 1 块，采用碳元素粉末模拟混凝土表面污物。

试验仪器：5ml 注射器一个，直径 100mm 的圆形培养皿 2 个，蒸馏水 20ml。

试验过程：首先将制作的碳粉置于超疏水混凝土表面，由于粉末颗粒较小，对混凝土表面注射液滴时动作要缓慢。若滴落在混凝土表面的液滴能够将表面的污染物带走，则说明超疏水混凝土的自清洁性能良好。

试验结果：

通过试验得出，在图 5-42（a）中，超疏水混凝土放置在培养皿边，使混凝土的表面具有一定的倾斜角度，液滴直接通过滚动的方式带走污染物，从而达到自清洁效果。在图 5-42（b）中，当液滴滴加到超混凝土表面时，由于注射器的存在，液滴在表面形成两条带状污染物。在图 5-42（c）中，多次对混凝土表面注射液滴，混凝土表面全部恢复如初，污染物痕迹几乎消失完全，表明超疏水混凝土的自清洁性能良好。

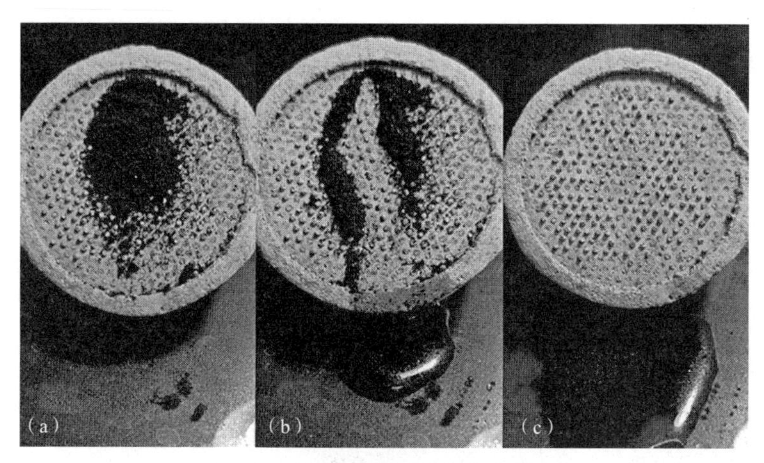

图 5-42　超疏水混凝土表面自清洁试验

通过图 5-43 可以得出，由于超疏水混凝土表面存在多尺度的粗糙结构，混凝土表面的粗糙程度较高，即混凝土表面的能量较低，因此污染物对混凝土表面几乎无吸附作用。注水后，污染物与水滴的结合能力较强，水滴可通过滚动的方式将污染物带走，从而达到自清洁效果。

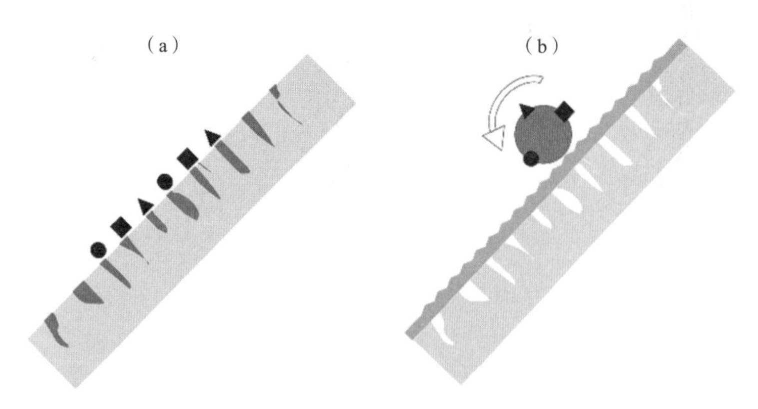

图 5-43　超疏水混凝土自清洁原理示意图

2. 抗菌自清洁

生活污水中的微生物类别与数量繁多，其中对混凝土产生严重腐蚀的主要元凶为产酸菌和硫酸盐还原菌。为了研究不同杀菌剂对不同微生物的杀菌效果，通过 DNA 测序方法对污水中的微生物进行属水平分析。污水中的微生物在属水平下主要包括普氏菌属（Prevotella）、乳杆菌属（Lactobacillus）、双歧杆菌属（Bifidobacterium）、梭状芽孢杆菌属（Caproi ciproducens）、巨球型菌属（MegaspHaera）、韦荣球菌属（Villonella）、梭菌属（Clostidium）、醋杆菌属（Acetobacter），等。其中普氏菌属、乳杆菌属、双歧杆菌属和梭状芽孢杆菌属四种微生物的相对含量达到 95% 左右，其含量分布如图 5-44 所示。

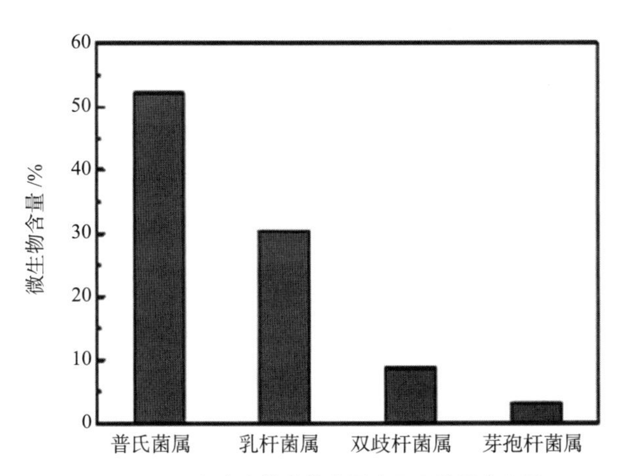

图 5-44　污水中微生物在属水平下数量分布图

其中普氏菌属对葡萄糖的利用率可达到 30% ~ 39%，发酵产物为乳酸、乙酸、琥珀酸以及异丁酸等，某些普氏菌属在代谢过程中还可产生黑色素并伴有恶臭气味。乳酸菌属和双歧杆菌属可对葡萄糖进行发酵，获取所需能量并产生大量的乳酸、乙酸等。其他几种微生物也会产生部分有机酸，使污水中的 pH 值降低，对混凝土造成腐蚀破坏。研究表明，在无氧或极少氧情况下，硫酸盐还原菌能利用污水中的有机物为碳源，并利用细菌生物膜内产生的氢将硫酸盐还原成硫化氢，进一步反应可生成生物硫酸，导致污水的酸性化，从而对混凝土造成严重的腐蚀破坏。对比混凝土试件在污水中腐蚀前后的表观形貌，进而分析微生物在掺入不同杀菌剂混凝土表面的繁殖代谢情况。

从图 5-45 可以看出混凝土试件在强化污水中腐蚀 4 个月的表观形貌变化差异。经由污水腐蚀，试件表面由灰色变成了黑色，尤其没有掺加杀菌剂的混凝土，其表面已经被腐蚀得非常严重，尺寸相较腐蚀前有所减小。掺铜酞菁的试件表面虽然变成了黑色，但表面还算平整，只是出现了少量的细小孔洞，可见铜酞菁的加入在一定程度上减弱了混凝土受到的微生物腐蚀。而掺入戊二醛、四羟甲基硫酸磷以及钨酸钠的混凝土试件表面出现了大小不一的黑色孔洞，尤其掺入四羟甲基硫酸磷的试件表面，在边角部位出现脱落现象，隐约可见少量的细小裂纹，这三种混凝土试件的表面已经开始出现混凝土溶出的现象。掺入溴化钠、甲酸钙和氧化锌的三组试件表面与空白组几乎没有什么差别，整个表面变成了深黑色，附着大量黑色物质，粗糙不堪，用小刀轻轻刮下这些附着物，发现其质地坚硬，显然是由矿物质与微生物代谢产物反应后所生成。这三种杀菌剂单独掺入混凝土中，并不能对混凝土的防腐性能产生有效作用。

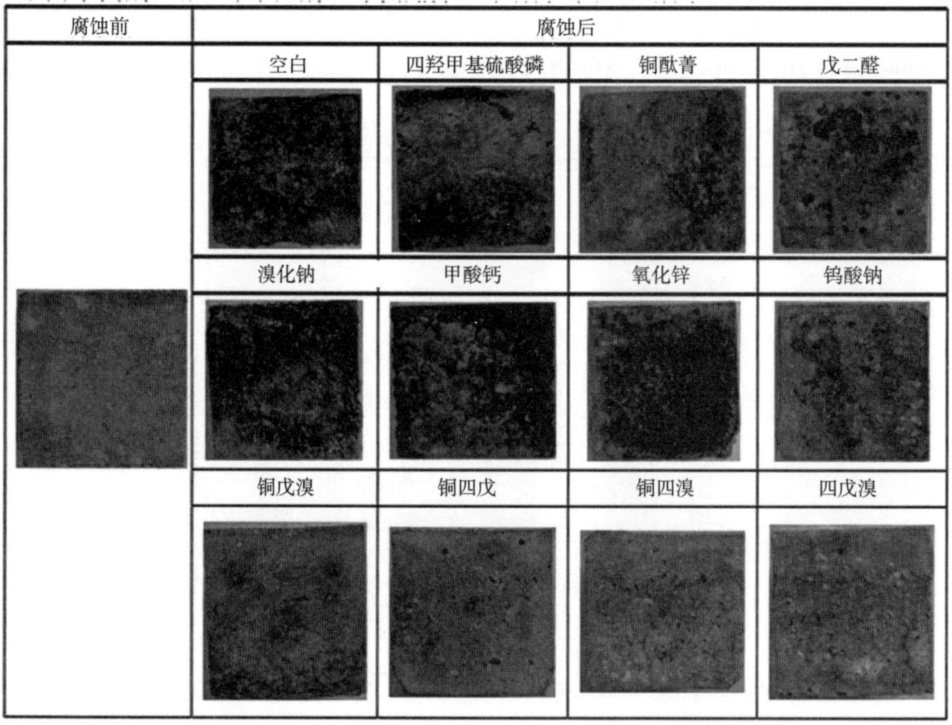

腐蚀前	腐蚀后			
	空白	四羟甲基硫酸磷	铜酞菁	戊二醛
	溴化钠	甲酸钙	氧化锌	钨酸钠
	铜戊溴	铜四戊	铜四溴	四戊溴

图 5-45　掺入不同杀菌剂混凝土试件腐蚀后的表观形貌图

将复配铜戊溴、铜四戊、铜四溴与四戊溴的杀菌剂掺入混凝土中，由图 5-45 可以看出，掺入四种复配杀菌剂的混凝土试件表面的颜色几乎没有变化，尤其铜戊溴的掺入，只是出现了几个黑色的点，表面依旧平整如初，可见铜戊溴的掺入能极大程度地提高混凝土在污水环境下的防腐性能。而铜四溴和四戊溴两组的腐蚀情况不是很严重，只有掺入铜四戊的混凝土表面出现几个孔洞，但与掺入单一杀菌剂和不掺入杀菌剂的混凝土相比，其表面腐蚀几乎可以忽略。可见复配后的杀菌剂对微生物的抑制作用明显增强。

参考文献

[1] Abergel T, Dean B, Dulac J, et, al. Towards a zero-emission efficient and resilient buildings and construction sector[J]. Global Status Report, 2018, 115: 1136-1151.

[2] Achenbach H. Wenker J L, Rter S. Life cycle assessment of the building industry: An overview of two decades of research[J]. Energy and buildings, 2018, 76: 711-729.

[3] Agust I, Juan A, Jipa G. Environmental assessment of multi-functional building elements constructed with digital fabrication techniques[J]. Energy and Buildings, 2019, 24: 1027-1039.

[4] Alcaraz M L, Noshadravan A, Zgola M, et al. Streamlined life cycle assessment: a case study on tablets and integrated circuits[J]. Journal of cleaner production, 2018, 200: 819-826.

[5] Alvarez C, Guez M, Iribarren D, et al. Combined use of data envelopment analysis and life cycle assessment for operational and environmental benchmarking in the service sector: a case study of grocery stores[J]. The Science of the total environment. 2019, 667: 799-808.

[6] Alves T, Machado L, Souza R, et al. Assessing the energy saving potential of an existing high-rise office building stock[J]. Energy and Buildings. 2018, 173: 547-561.

[7] Arrigoni A, Zucchinelli M, Collatina D, et al. Life cycle environmental benefits of a forward-thinking design phase for buildings: the case study of a temporary pavilion built for an international exhibition[J]. Journal of cleaner production, 2018, 187: 974-983.

[8] 冀志强 . 新型相变储能混凝土的制备及性能研究 [D]. 大连交通大学，2018.

[9] 刘朋 . 相变储能建筑墙体热工性能及适用性评价研究 [D]. 中国矿业大学，2016.

[10] 王信刚，陈忠发 . 癸酸微胶囊相变储能砂浆板的温控模拟与验证 [J]. 建筑材料学报 . 2019，22（5）：687-692.

[11] Wang X G, Li Y J, Zhang C Y, et al. Visualization and quantification of self-healing behaviors of microcracks in cement-based materials incorporating fluorescence-labeled self-healing microcapsules[J]. 2022, 315: 125668.

[12] Wang X G, Zhang X Z, Zou F B, et al. Self-healing microcapsules modified by montmorillonite for modulating slow-release properties[J]. 2022, 291（15）: 126688.

[13] 顾皖庆 . 月桂醇 / 膨胀珍珠岩相变储能混凝土制备与试验分析 [D]. 安徽理工大学，2019.

[14] 王宇捷 . 荷叶效应及其在生活中的应用 [J]. 当代化工研究，2018，9：122-123.

[15] 袁治城 . 超疏水混凝土的制备与性能研究 [D]. 重庆交通大学，2021.

[16] Manatunga D，Silvarm D，Silvakmn D. Double layer approach to create durable superhydrophobicity on cotton fabric using nano silica and auxiliary non fluorinated materials[J]. Applied Surface Science，2016，360：777-788.

[17] 杨雪超 . 污水微生物作用下的混凝土腐蚀防治优化设计研究 [D]. 石家庄铁道大学，2020.

[18] 王信刚，徐伟，谢昱昊，夏龙 . 氯化铵改性 UF/E 自修复微胶囊的性能表征 [J]. 建筑材料学报，2018，21（6）：906-912.

‖ 第6章

绿色先进建筑材料评价

传统建筑材料消耗了大量的自然资源和能源，近年来，在建筑的设计与施工等全过程生命周期中，工程项目对建筑材料提出了更高的要求，行业的大量需求也促进了绿色先进建筑材料的蓬勃发展，但随之而来的挑战是如何评判建筑材料是否满足绿色建材和先进建材的功能要求。当前，绿色先进建筑材料的评价体系并不完备，因此建立健全绿色先进建筑材料的评价体系迫在眉睫。本章将综合行业内现有的各项规范标准，梳理总结绿色先进建筑材料的评价体系。

6.1 绿色建筑材料评价

随着经济的发展和低碳时代的来临，绿色和低碳逐渐成为建筑业的发展主题，绿色建筑的高效发展具有极为重要的战略意义。绿色先进建筑性能目标的实现离不开绿色先进建筑材料的发展，而绿色先进建筑材料的发展又为绿色先进建筑的发展提供了强有力的保障。

6.1.1 绿色建筑

《绿色建筑评价标准》GB/T 50378—2019 中规定，绿色建筑是指在全寿命期内节约资源、保护环境、减少污染，为人们提供健康、适用、高效的使用空间，最大限度地实现人与自然和谐共生的高质量建筑。绿色建筑要满足建筑安全耐久、健康舒适、生活便利、节约资源（节地、节能、节水、节材）和环境宜居等方面的综合要求。绿色建筑技术更加关注低耗和高效，将经济环保作为基本的理念，促进人与自然的和谐发展，是当前可持续发展的基本要求。

6.1.2 绿色建材

《绿色建筑评价标准》GB/T 50378—2019 中规定，绿色建材是指在全寿命周期中减少对资源的消耗，减轻对生态环境的影响，具有节能、减排、安全、健康、便利和可循环利用特征的建材产品。绿色建筑材料的特点有：

（1）生产原料尽量使用尾渣、垃圾、废液等废弃物替代不可再生的天然资源；

（2）低能耗制造工艺和无污染生产技术；

（3）在产品设计或生产过程中，不得使用甲醛、卤化物溶剂或芳香族碳氢化合物，产品中不得含有汞及其化合物的颜料和添加剂；

（4）产品的设计有益于生产、生活和人体健康；

（5）可循环或回收利用。

绿色建材制造技术注重低耗、高效、经济、环保、集成与优化，是人与自然、当前与未来实现利益共享，是可持续发展的建设手段，绿色建筑材料分为基本型、节能型、循环型、健康型四种。

（1）基本型：能够满足人们的基本使用需求，对人体无害，这也是建筑材料的基本要求。在生产及配置过程中，不得超标使用对人体有害的甲醛、氨气等化学物质。

（2）节能型：采用低能耗的制造工艺，如免烧、低温合成、降低热损失、提高能量使用效率等，开发新能源的绿色建材，如利用太阳能。

（3）循环型：在生产和制造过程中，采用新型工艺和技术，大量使用废渣、尾矿、垃圾等废弃物，实现可持续循环使用。例如，日本利用下水道的污泥制备生态水泥，利用垃圾焚烧的渣灰生产陶质建材等，这些都属于回收率大于90%的重复使用，并且不会造成环境污染。

（4）健康型：产品设计是以改善生活环境、提高生活质量为宗旨，使用新型健康产品不仅能够抗菌、除臭和防霉，而且还能够达到调温、调湿、抗静电、防射线等效果。

6.1.3 评价体系

绿色建材的评价是对不同类别的建材产品进行综合考评，由于建材产品种类较多，需要考量的指标繁杂，因此评价过程较为复杂。其中，《绿色建筑评价标准》GB/T 50378—2019中规定，绿色建筑评价指标体系应由安全耐久、健康舒适、生活便利、资源节约、环境宜居五类指标组成。为了确保评价的公平性、科学性，绿色建材评价的体系应遵循以下基本原则。

（1）目的性：对绿色建筑材料评价的目的是规范绿色建材生产与应用，维护消费者的合法利益，促进厂商开发节能、环保、健康的绿色建筑材料，加快绿色建材工业的发展。

（2）客观性：绿色建筑材料评价所选用的评价指标、评价体系等要客观、全面地反映材料的本质，充分利用现行技术标准的检测方法，尽可能使评价结果更加真实具体。

（3）全面性：对建材产品实行全过程综合评价，满足国家和行业产品标准所规定的质量技术要求是评价绿色建材的基本条件，在此基础上重点对该建材产品的原料采集、生产制造、工程应用和回收处理等全生命周期进行分析评价。

（4）可操作性：所选用的评价指标既要充分反映产品的性能，又要考虑到评价过程的可实施性，因而评价模式简明合理。评价指标层次分明，评价数据要充分利用根据现行技术标准检测的数据结果，提高评价方法的可操作性，使绿色建材的评价工作更易推广。

6.1.4 评价方法

《绿色建筑评价标准》GB/T 50378—2019 中规定，绿色建筑评价应遵循因地制宜的原则，结合建筑所在区域的气候、环境、资源、经济和文化等特点，对建筑全寿命期内的安全耐久、健康舒适、生活便利、资源节约、环境宜居五类性能进行综合评价。每类指标均包括控制项和评分项，评价指标体系还统一设置加分项。我国现有的绿色建材评价指标体系分为两类：第一类为单因子评价体系，一般用于卫生类评价，包括放射性强度和甲醛含量等。如有某项指标不合格，即不符合绿色建材的标准；第二类为复合类评价指标，包括挥发物总含量、人类感觉试验、耐燃等级和综合利用指标等，若某种材料不符合指标要求，但其总体评价指标达到标准，这类建材仍然可以被认为是绿色的。

然而，上述指标评价体系缺乏系统、全面的观点。设计生产的建筑材料有可能在某一个方面是“绿色”，而在其他方面则是“黑色”的。例如高性能的陶瓷材料可能废弃后难以分解，建筑高分子材料常常难于降解，复合建筑材料因组成复杂，也给再生利用带来难度；黏土陶料混凝土砌块轻质、高强、热绝缘性和防火性能好，但其生产需要较高的能耗；塑钢门窗较钢窗和铝合金窗更坚固耐久，热绝缘性能更好，但包含较高的能源成本，废弃处理时易对环境造成破坏；立窑水泥可能仅因其产耗能小而被认为比旋窑水泥的环境协调性好，如果采用上述单因子评价体系或复合类评价指标，则可能失之偏颇甚至误导。因此，为了全面评价建筑材料的环境协调性能，需要采用生命周期评价方法。

生命周期评价体系（Life Cycle Assessment，简称 LCA）是目前国际上一种先进的绿色建筑材料评价方法。LCA 作为一种环境评价方法，强调从产品或行为活动的“全生命周期”整体分析和评价其对环境的冲击和影响，最终寻求改善方法及措施。

1. 概念与内涵

LCA 的概念可以定义为：基于某一给定的产品或行为的整个生命周期，由最初从地球采集原材料到最终所有的残余物返回环境，对环境的影响作出评价。LCA 突出产品的“生命周期”，强调对产品进行综合、整体、全面的评价。其特点在于：

（1）是一种全过程评价，集合产品的原材料采集、加工、产品制造、使用消费、回收利用以及废物处理全部的“生命周期”。

（2）是一种系统评价，以系统的方法研究产品或行为在其整个“生命周期”中对环境的影响。

（3）是一种环境影响评价，强调分析产品或行为在其“生命周期”各个阶段中对环境产生的影响，包括能源利用、土地占用以及环境排污等，最后以总量形式反映产品或行为的环境影响。

2. 技术框架

（1）目标和范围界定：这是 LCA 研究的第一步，也是最关键的部分。一般先确定 LCA 的评价目的和意图，再按照评价目的确定研究范围。目标确定要清楚地说明开展此项 LCA 的目的和意图，以及研究结果的预计使用目的，如提高系统本身的环境性能，用于环境声明或获得环境标志。范围的深度和广度受目标控制，一般包括功能单位、系统边界、时间范围、影响评价范围、数据质量要求等。这一部分工作依据任务的不同变化很大，没有一个标准的模式可以套用，但必须反映出资料收集与影响分析的根本方向，即满足清单分析和影响评价要求。

（2）清单分析：是对产品、工艺过程或者活动等研究对象整个生命周期阶段的能源使用以及向环境排放废物等进行定量分析的技术过程。清单分析开始于原材料获取，结束于产品的最终消费和处置，关键在于数据的收集与计算，例如：资源、能源、大气影响、水质影响、固体废弃物等都要在原料获取、加工、半成品与成品制备、运输、消费、回收再生、处置等子过程中分别采集、计算，再汇总综合处理。

（3）影响评价：影响评价是对清单分析中的环境影响做定量或是定性的描述和评价，但目前仍处于起步阶段，还没有达成一个共识的方法。ISO（国际标准化组织）、SETAC（国际环境毒理学与化学学会）和 EPA（美国环境保护局）都倾向于把影响评价分为分类、特征化和量化评价三个阶段。分类主要是将清单分析中得到的环境影响数据归类，LCA 研究中一般把影响类型分为资源耗竭、人类健康影响和生态影响三大类，每一大类又包含许多小类，如生态影响型包含全球变暖、臭氧破坏、酸雨等；特征化考虑的是何种作用对环境影响最大，主要通过开发一种模型汇总分析每一种影响大类下的不同影响类型，方法有负荷模型、当量模型等；量化评价是确定不同影响类型的作用大小，即确定权重，以便得到一个数字化且可供比较的单一指标。

（4）改进评价：依据一定的评价标准对清单分析结果和影响评价结果作出评价，识别出产品或活动的薄弱环节和潜在的改善机会，为达到生态最优化目的提出改进建议。改进评价可以在 LCA 的不同阶段进行，例如在清单分析中可以找出减少资源使用量和废弃物排放量的机会，加以改进。改进分析是目前 LCA 工作中最少的部分，甚至有些组织把这部分排除在 LCA 组成之外。LCA 的技术框架图如图 6-1 所示。

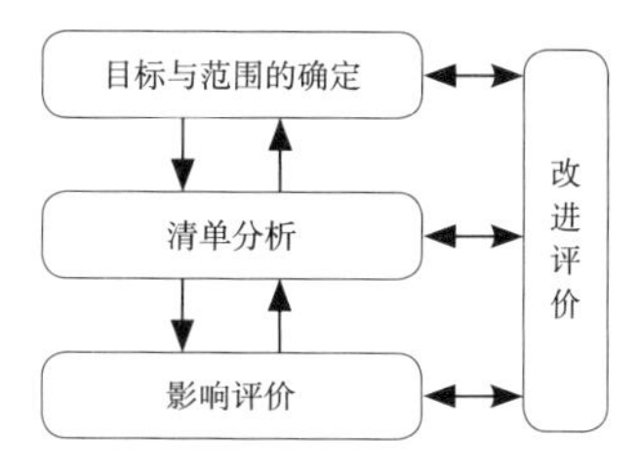

图 6-1 LCA 技术框图

3. 基于 LCA 的典型外墙外保温材料选材研究案例分析

墙体外保温技术是建筑节能的重要手段,可有效消除墙体中的热桥,绝热效果优异,同时消除冷凝，保持室温的稳定，提高居住舒适度。从材料可燃性的角度来看，墙体外保温材料主要分为三类，即可燃的有机保温材料、难燃的有机 - 无机复合型保温材料和不可燃的无机保温材料。有机保温材料以聚苯乙烯泡沫（EPS）板为代表，具有优越的保温隔热性能，但防火性能相对较差；无机保温材料以岩棉板为代表，保温性能弱于有机保温材料，但具有良好的防火性能。下面通过分析 EPS 板和岩棉板的全生命周期环境负荷，对比两类典型外墙的外保温材料在相同保温性能与防火等级下的环境影响，据此指导外墙外保温材料的科学择优。

（1）相同保温效果下两种保温系统的环境影响比较

根据北京地区居住建筑节能标准与对墙体围护结构热工设计的要求，将目标建筑的外墙传热系数设定为 0.40W/（m · K），基层墙体设定为 200mm 的钢筋混凝土墙，保温板与基层墙体通过聚合物水泥砂浆粘结，且粘结面积不小于 40%。采用保证墙体传热系数为 0.40W/（m · K）的 EPS 薄抹灰外墙外保温系统以及岩棉薄抹灰外墙外保温系统。为达到设定的外墙传热系数，两种保温系统的 EPS 板和岩棉板用量分别为 $9kg/m^2$ 和 $17.33kg/m^2$；粘结砂浆用量分别为 $7.5kg/m^2$ 和 $9kg/m^2$；抹面砂浆、锚栓、玻璃纤维网格布和涂料的用量分别为 $9kg/m^2$，$0.18kg/m^2$，$0.2kg/m^2$ 和 $0.2kg/m^2$。据此计算相同保温性能时两种保温系统的环境影响，如图 6-2 所示。

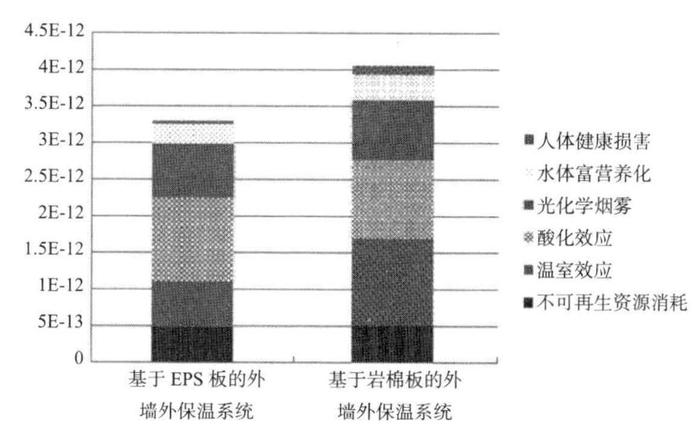

图 6-2 具有相同保温性能时两种外保温系统的环境影响归一化结果

结果显示，外墙外保温系统最主要的环境影响来自酸化和光化学烟雾，由材料生产过程排放的 SO_2 与 NO_x（氮氧化物）所致。两种系统中不可再生资源消耗量和水体富营养化影响程度相差不大，这是因为对两种环境影响起决定作用的干混砂浆用量基本相同；岩棉外墙外保温系统的温室效应和人体健康损害两种环境影响明显高于 EPS 外墙外保温系统，由于岩棉板在生产过程的能耗远高于相同功能单位的 EPS 板，直接导致大量温室气体的排放，并损害人体健康。综合环境影响指标的对比结果显示，岩棉外保温系统的环境影响比相同保温性能的 EPS 外保温系统高 23.3%。

（2）综合考虑保温性能和阻燃性能的两种保温系统的环境影响比较

外墙外保温系统在满足围护结构保温性能的同时，还应兼顾系统本身的阻燃性能。因此，对比两种保温系统环境影响时，需要综合考虑材料的隔热性和阻燃性。本书设定表征材料隔热性能和阻燃性能的综合指标：1/（导热系数 × 材料燃烧增长速率指数），单位为（$m^2 \cdot K \cdot s$）/W^2。岩棉为 A 级不燃材料，导热系数 0.040W/（m · K），燃烧增长速率指数≤ 120W/s，EPS 板导热系数 0.039W/（m · K），燃烧性能等级 B1，燃烧增长速率指数≤ 250W/s。以此为基准，对比相同保温和阻燃性综合指标下 EPS 外墙外保温系统和岩棉外墙外保温系统的环境影响，如图 6-3 所示。结果显示，EPS 外墙外保温系统的环境负荷比岩棉外墙外保温系统高 15.8%。

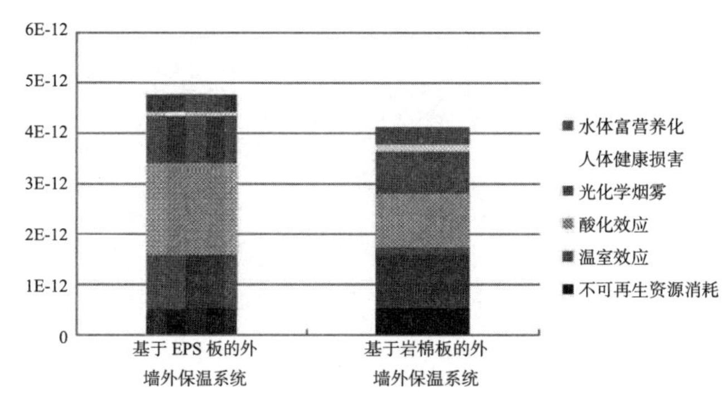

图 6-3 综合指标下两种外保温系统的环境影响归一化结果

若仅考虑墙体的保温性能，EPS 薄抹灰外墙外保温系统的环境协调性优于岩棉薄抹灰外墙外保温系统。但是在综合考虑保温性能和阻燃性能的情况下，岩棉外墙外保温系统则优于 EPS 外墙外保温系统。

6.2 先进建筑材料评价

6.2.1 先进建筑

先进建筑指的是建筑物不仅要满足使用者的基本需求，还应具备智能功能化、超高性能化、健康可靠等特点。建筑物的先进性主要体现在建筑性能的先进性以及采用新技术、新工艺的先进性。

6.2.2 先进建材

1. 电磁屏蔽材料

电磁屏蔽材料由于材料与结构的不同被赋予了不同性能，屏蔽效果也有所差异。其中，相较于隔离结构和泡孔结构，层状结构独特的设计可以促进电磁波在材料内部多次反射，极大地提高了电磁屏蔽性能。同时，作为传统电磁屏蔽材料的金属，非但未遭淘汰，还经常通过在高分子材料内部添加导电金属纤维或在表面镀层等方式，提高材料的电磁屏蔽性能。

随着 5G 时代的到来，厚度薄、质量轻、性能优、屏蔽频段宽的新型智能电磁屏蔽材料成为未来的发展方向。

2. 仿生材料（木材、塑料、钢材）

仿生技术自 20 世纪 90 年代以来取得了飞速发展，新型仿生材料在各个领域得到了广泛应用。特别是纳米技术的迅速发展，使得人们更深入地揭示了生物材料宏观性能与微观结构之间的关系，从而为仿生技术的研究和发展提供了重要的理论依据。仿生结构的研究就是模仿自然超越自己，为研究新材料和新功能提供了新理念和新途径。仿生材料的研究对高新技术的发展起着重要的支撑和推动作用，在航空航天、国防军事、医学等领域都有不可估量的潜力。

3. 光催化自清洁材料

光催化自清洁材料可在光照激发下呈现出超亲水的性质，使水在材料表面迅速铺展开来，水层将表面和空气中的灰尘等污染物隔离开，在流动过程中将污染物带走，从而达到自清洁的目的。由于光催化自清洁材料具备节省人力、节能环保、保护文物、净化空气、防污等优势，目前已广泛应用于日常生活和工业领域。

4. 智能复合材料抗震墙纸

“抗震墙纸”是一种带有玻璃纤维的特殊布料，可以作为砖混结构墙的墙纸使用，由于其中的纤维沿四个方向排列，因此能抵抗地震的影响。同时，具有极强抗撕裂性的玻璃纤维结构为其提供了稳定性，而聚丙烯塑料纤维则提供了必要的抗震弹性。这种墙纸可以有效地减少地震造成的破坏，未来有希望成为抗震材料简单而廉价的替代品。

6.2.3 评价体系

区别于传统的砖瓦、灰砂石等建筑材料，先进建筑材料除了要满足传统建材的性能标准，还应综合考虑材料的智能化、功能化、超高性能化以及健康性等特性。评价过程中应综合考虑如下几个方面：

（1）材料性能是否具备创新性、先进性；

（2）材料是否具备应用价值；

（3）采用的先进设备、新技术手段的成熟度；

（4）材料的制造以及应用全过程的经济效益。

6.2.4 评价方法

先进建筑可从多个维度进行评价，首先，对建筑进行科技成果评价，由第三方专业评价机构依照相应的程序和标准，坚持客观公正、科学规范的原则，对被评价科技成果进行分析与辨别，组织专家对成果的科学性、创新性、先进性、成熟度、应用价值等进行综合评价并得出结论，最终由评价机构出具评价报告。

其次，除去对建筑进行科技成果评价，还应考虑建筑的智慧性能。由中国建筑科学研究院有限公司等单位编制的《智慧建筑评价标准》T/CECS 1082—2022，经协会绿色建筑与生态城区分会组织审查已批准发布，自 2022 年 11 月 1 日起施行。标准中规定“智慧建筑”以建筑为载体，以智慧应用为目标，依托建筑综合服务平台，实现建筑数据的全面感知、推理、判断和自我决策，通过对设施及环境空间的自进化和自适应管控，构建人、设施、环境互为协调的整合体，从而提供具有安全、高效、节能、舒适人性化功能环境的建筑。

最后，先进建筑不仅要技术先进，更要满足《健康建筑评价标准》T/ASC 02—2021 中规定的以“空气、水、舒适、健身、人文、服务”六大健康要素为核心的健康建筑指标体系，据此评价其是否符合健康建筑的标准。

6.3 绿色先进建筑材料案例

6.3.1 光电幕墙

每平方米的地球表面每年接收到的太阳辐射能量大约是 1000kW · h，应该如何利用这些可再生的清洁能源呢？现如今，光伏一体化（BIPV）走在太阳能利用的前沿，它是将建筑与光伏器件结合起来的一种复合立面，将光电模板装入建筑幕墙中，实现了太阳能向电能的转换和利用。

太阳能光电幕墙被誉为“能发电的玻璃”，是一种集发电、隔声、隔热、安全、装饰功能于一身的新型幕墙做法，采用特殊的树脂将太阳能电池粘贴在玻璃上，镶嵌于两片玻璃之间，可将光能转化成电能的幕墙。其关键技术是利用光电效应，电解液或者半导体材料的电子由于太阳光的光子能量发生移动，从而产生电压。

光电幕墙在国外早已得到广泛应用，作为一种高科技的建筑表皮，可满足建筑物理上保温、隔热、阻燃、隔热和消声等基本要求。太阳能电池发电不仅不会排放温室气体，同时由于光电幕墙发电市场与电站并网，多余的电能还可以供给国家电网。可见，光电幕墙无论在环境效益上还是在经济效益上都显示出明显的优势。

1. 应用场景简介

北京静雅酒店有一面被大家誉为格林皮克斯媒体墙的多媒体幕墙（Greempix media· wall），如图 6-4 所示。当夜幕降临的时候，无数的电子眼开始闪烁，这一新鲜的场景让许多路人驻足围观。它原本只是一个普通的酒店大厦，但是经过改造之后，摇身一变成为生态、节能、绿色以及环保的代言人，同时为城市的公共环境注入了活力。

2. 基于外围护结构的绿色建筑设计

静雅酒店在主入口一侧的立面上打造了 2000m^2 的超大光电幕墙，如图 6-5 所示，这一改造项目竣工后便刷新了亚洲光电幕墙的记录。它是由 2300 块、9 种不同规格光电板组成的亚洲最大的太阳能电板幕墙。这些光电板全部是由多晶硅芯片组装而来，设计者利用多晶硅材料不规则性纹理的特性提升建筑立面效果。光电板外再铺设一层玻璃幕墙，由不锈钢沉头螺栓连接起来。

图 6-4　静雅酒店

图 6-5　静雅酒店幕墙

该幕墙技术将多晶光电单元层压到幕墙玻璃，并随机地安置于建筑表皮。在玻璃层安装有 LED 照明灯，幕墙在白天广泛且大量吸收的太阳能，通过光电幕墙转化为电能，而在夜间，幕墙俨然成了一面零能耗的多媒体墙，白天存储的电能就用于点亮整片的 LED 幕墙，如图 6-6 所示。酒店的整面幕墙成为一个巨大的显示屏，可以展呈各种信息和图案，也在无形中成为酒店最成功的广告。

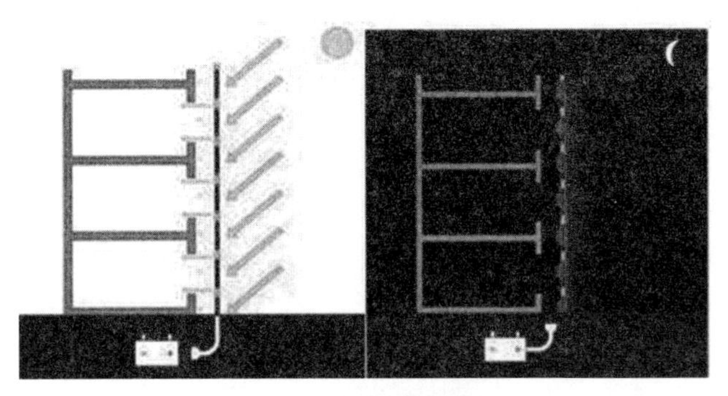

图 6-6　光电幕墙原理图

3. 展望

由于原材料对进口的依赖和玻璃制造过程中对环境的污染，太阳能玻璃的成品虽然在使用中是清洁、节能、环保的，但其制造的工艺还有待改善。对太阳能的开发利用毕竟是未来发展的方向，适用于能源匮乏的将来，而静雅酒店（细部图如图 6-7 所示）汇聚了建筑师、工程师、艺术家等众人的智慧，是团队协作的成果，对生态高科技有一个示范和倡导的作用。

图 6-7　光电幕墙细部

6.3.2　气凝胶

气凝胶是目前已知世界上最轻的固体材料，是由纳米孔洞与纳米骨架组成的三维连续多孔材料，独特的结构赋予其超强的隔热性能。气凝胶的隔热性能归因于：

1. “零对流”效应：气凝胶的孔径（20 ~ 50nm）小于空气的平均自由程（70nm），故内部空气无法自由流通。

2. “无穷长路径”效应：气凝胶的网状骨架无限延长热传导路径，热量难以在气 - 固界面传导。

3. “无穷热隔板”效应：气凝胶的网络骨架形成“无穷热隔板效应”对热辐射具有遮蔽作用；高比表面积配合特殊的反辐射物质，有效阻隔辐射传热。

目前气凝胶所展现出来的优点主要体现在：保温效果好、降低能耗、材料质量轻、理化性能稳定、适用性广泛，并且契合碳中和节能大势。

气凝胶双氧水泡沫混凝土采用双氧水（HP，简称 H）作为发泡剂，气凝胶掺量、双氧水含量等因素对双氧水泡沫混凝土的发泡、导热和力学等性能的影响主要表现在以下方面：当气凝胶（AG）掺量为 1% 时（图 6-8），气孔直径分布较为集中，且孔径分布呈现出正态分布特性，孔轮廓清晰，孔的封闭性和圆整度都较高。

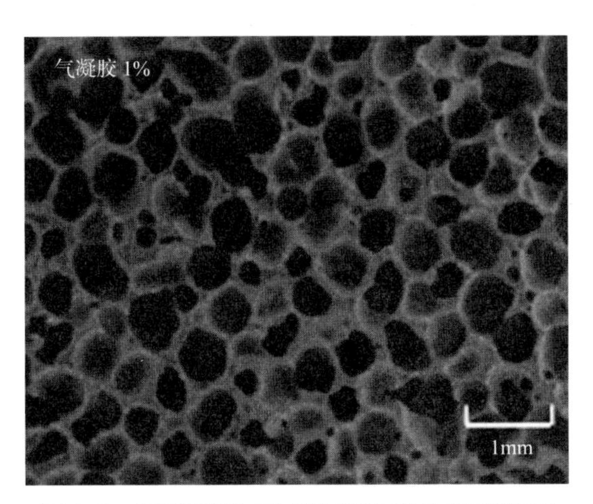

图 6-8　气凝胶掺量 1% 的试件截面的光学显微镜图

随着 AG 掺量的增加，导热系数下降较为明显。一方面是由于 AG 掺量的增加致使浆体发泡更充分，孔隙更多；另一方面则是由于 AG 掺量的增加使 AG 粉在气孔壁上均匀分散铺展，向构件中引入更多能高效隔热的纳米孔径。但当气凝胶继续增多时，导热系数的降幅明显变缓，AG 掺量从 0.5% 上升至 1% 所带来的密度降低导致了抗压强度下降明显，并且过量的 AG 粉降低了试件的力学性能，如图 6-9 所示。

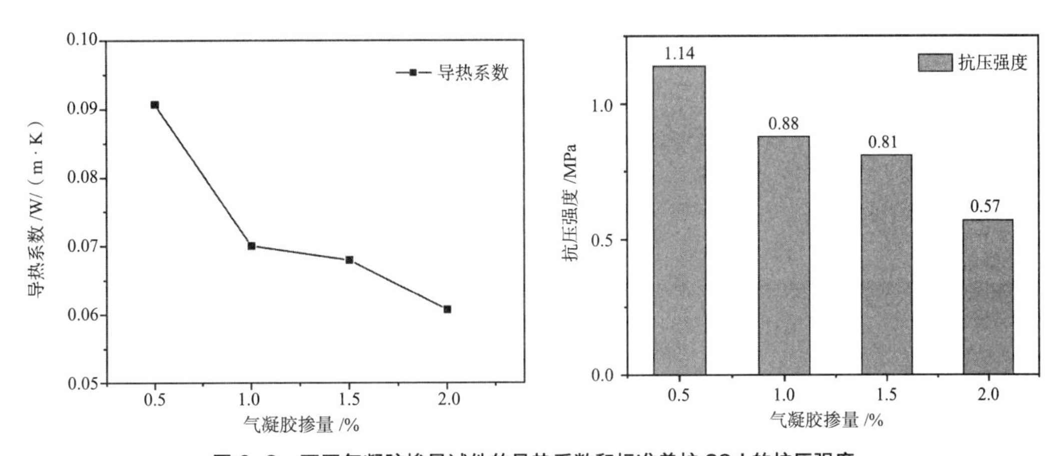

图 6-9　不同气凝胶掺量试件的导热系数和标准养护 28d 的抗压强度

当双氧水（H）含量为7%时，孔容较大，连通孔较少，孔结构较优，试件力学和保温性能较好；但当双氧水含量为9%时，会使得发泡速率增大，高于水泥基料浆的稠化速度，导致气孔壁变薄，使过量双氧水分解出的气泡容易合并形成椭圆形孔，这也是H9试件相较于H7力学性能下降的原因，如图6-10所示。

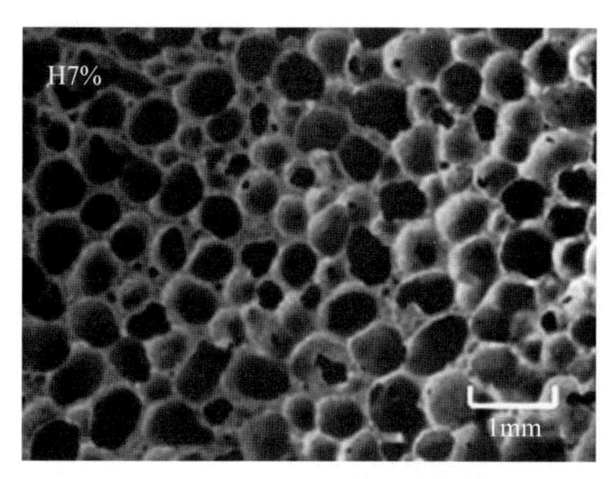

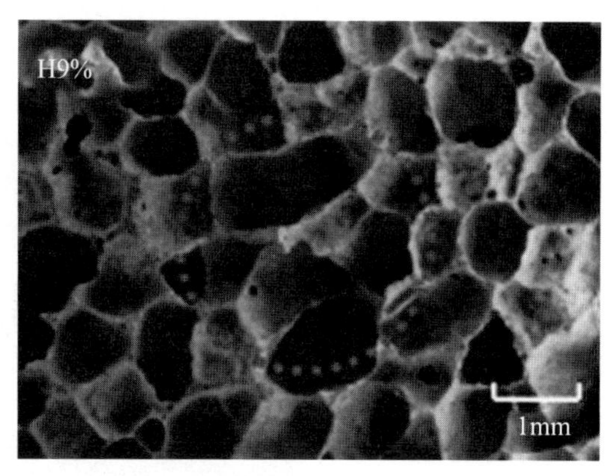

图6-10　掺量7%、9%双氧水的试件截面的光学显微镜图

如图6-11所示，H含量的增多致使发泡相对体积增大，试件的孔隙率随之增大，导热系数随之下降。然而，随着H含量的增多，抗压强度降低，H7.5试件的强度相较于H7下降了10.23%，降幅较为明显。这说明过高的发泡剂双氧水含量不利于试件的力学性能。

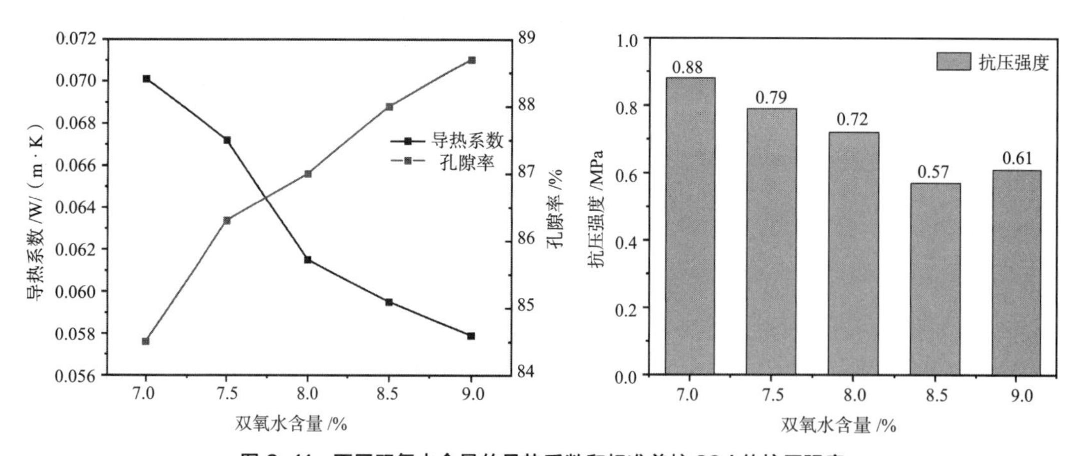

图6-11　不同双氧水含量的导热系数和标准养护28d的抗压强度

综上所述得出结论：以双氧水为发泡剂制备气凝胶泡沫混凝土，当气凝胶（AG）掺量为1%、双氧水（H）含量为7%时，气凝胶泡沫混凝土的孔结构、导热系数和抗压强度等性能最佳。

6.3.3 电磁屏蔽混凝土

目前，移动通信设备、广播、雷达、磁疗、计算机大规模普及，其信号电平小，易受外界电磁干扰，电磁辐射的危害如图 6-12 所示，因此必须采取有效防护措施，对混凝土进行电磁屏蔽改性研究，建筑围护结构具有电磁屏蔽性能是时代发展对混凝土提出的新要求。

图 6-12　电磁辐射的危害

随着人们对电磁污染认识的提高，电磁屏蔽混凝土逐渐应用于实际建筑，部分已经实现了电磁屏蔽混凝土的实用化。例如，日本通过在混凝土中掺入碳纤维研制的预制板成功应用于 9 层大楼的屏蔽围护结构，美国五角大楼在建造过程中也使用了电磁屏蔽混凝土材料，如图 6-13 所示。

图 6-13　美国五角大楼

电磁屏蔽生态混凝土的出现与碳黑有着紧密联系，碳黑（无定形碳）质轻、体松，是颗粒极细的黑色粉末，密度在 1.8 ~ 2.1，比表面积为 10 ~ 3000m^2/g。碳黑是含碳材料在空气不足的条件下，通过不完全燃烧或受热分解加工而来的，碳黑通过对电磁波的透射、吸收和反射，实现对有害电磁波的屏蔽，作为一种廉价的工业生产原料，其性能稳定，产量较大，价格低廉。将碳黑掺杂在水泥基材料中，可以达到屏蔽有害电磁波的效果，便于未来进行大规模的生产以及在工程建设中应用。

碳黑的掺量对水泥基复合材料的技术性能和电磁波屏蔽效果有一定的影响。图 6-14 显示了碳黑掺于二氧化硅和树脂中的 SEM 图像，由图可知，随着碳黑浓度的变化，水泥基复合材料的柔性、电磁屏蔽性相应地发生变化。当碳黑的掺量为 8% 时，水泥基复合材料的柔韧性最好；当碳黑的掺量为 10% 时，水泥基复合材料的电磁屏蔽性能最优。因此，可以通过调整碳黑的掺量，调控水泥基复合材料的电磁屏蔽性能和柔韧性，提高电磁屏蔽建筑物的电磁屏蔽性能。

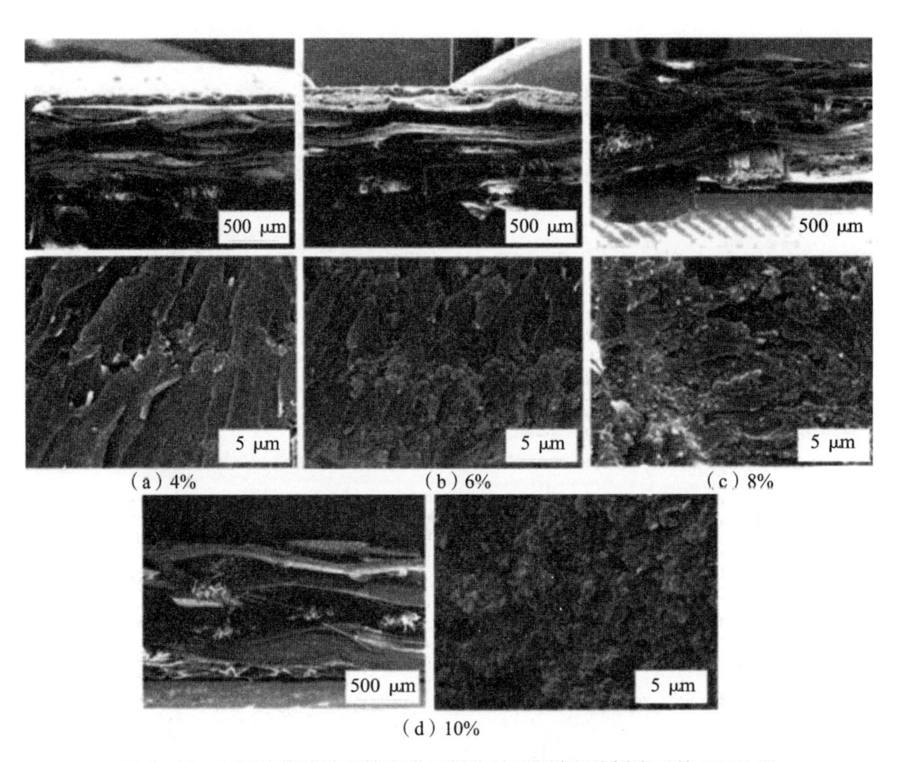

图 6-14　不同浓度的碳黑掺杂进二氧化硅 / 聚酰亚胺树脂后的 SEM 图

除碳黑以外，还可采用物理或化学发泡方法制成具有大量闭孔的泡沫混凝土。泡沫混凝土不仅具有低密度、隔声、隔热、减震等优点，还能引起电磁波衍射、干涉和多重反射，从而增强电磁波吸收和屏蔽性能。此外，在泡沫混凝土中掺入石墨和碳纤维，亦可提高电磁波吸收和屏蔽性能。

参考文献

[1]　中华人民共和国住房和城乡建设部 . 绿色建筑评价标准：GB/T 50378—2019[S]. 北京：中国建筑工业出版社，2019.

[2]　任皓 . 关于建立绿色建筑评价体系的思考 [J]. 山西建筑，2022，48（17）：190-193.

[3]　刘宇，张宇峰，孙燕琼，等 . 基于生命周期评价的绿色建筑选材研究 [J]. 中国材料进展，2016，35：769-775.

[4]　李瑜 . 绿色建筑与绿色材料 [J]. 砖瓦，2018，11：12-14.

[5]　高唱 . 基于 LCA 的再生混凝土环境影响评价研究 [D]. 北京建筑大学，2020.

[6]　王雨婷，罗诗淇，杨起帆，等 . 电磁屏蔽材料与结构的研究进展 [J]. 纺织科技进展，2022，3：10-13+36.

[7]　Sharma V，Borkute G，Gumfekar S P.Biomimetic nanofiltration membranes：Critical review of materials，structures，and applications to water purification[J].Chemical Engineering Journal，2022，433：133823.

[8]　Wang X J，Hong S，Lian H，et al.Photocatalytic degradation of surface-coated tourmaline-titanium dioxide for self-cleaning of formaldehyde emitted from furniture[J].Journal of Hazardous Materials，2021，420：126565.

[9]　中国工程建设标准化协会 . 智慧建筑评价标准：T/CECS 1082—2022[S]. 北京：中国建筑工业出版社，2022.

[10]　中国建筑学会 . 健康建筑评价标准：T/ASC 02—2021[S]. 北京：中国建筑工业出版社，2021.

[11]　曾旭 . 基于绿色建筑案例的个性化分析及研究 [D]. 天津大学，2012.

[12]　巫文静 . 气凝胶泡沫混凝土的制备及性能研究 [D]. 西南科技大学，2022.

[13]　Vrdoljak I，Varevac D，Milicevic I，et al.Concrete-based composites with the potential for effective protection against electromagnetic radiation：A literature review[J].Construction and Building Materials，2022，326：126919.

[14]　Mao Q C，Ting T L，Yu H Z，et al.Developing electromagnetic functional materials for green building[J].Journal of Building Engineering，2022，45：103496.

[15]　MTran N P，Nguyen T N，Ngo T D，et al.Strategic progress in foam stabilisation towards high-performance foam concrete for building sustainability：A state-of-the-art review[J]. Journal of Cleaner Production，2022，375：133939.